Moussa Hamadou Ousseini

Impacto da crise de segurança

Moussa Hamadou Ousseini

Impacto da crise de segurança

Impacto da crise de segurança e das inundações na produção de pimenta no leste do Níger

ScienciaScripts

Cover image: www.ingimage.com

This book is a translation from the original published under ISBN 978-620-6-71840-6.

Publisher:
Sciencia Scripts
is a trademark of
Dodo Books Indian Ocean Ltd. and OmniScriptum S.R.L publishing group

120 High Road, East Finchley, London, N2 9ED, United Kingdom
Str. Armeneasca 28/1, office 1, Chisinau MD-2012, Republic of Moldova, Europe
Printed at: see last page
ISBN: 978-620-7-93664-9

ÍNDICE

DEDICACES

Dedico este livro de memórias

Aos meus pais MOUSSA Hamadou, FATI Boukar

Para o meu irmão gémeo que morreu quando éramos crianças, que a sua alma descanse em paz *Ameen!!!!*

Aos meus irmãos e irmãs.

AGRADECIMENTOS

No final deste trabalho, gostaríamos de expressar a nossa profunda gratidão a todas as pessoas singulares e colectivas que contribuíram para a sua realização.

Gostaria de agradecer calorosamente ao Dr. SOULEY Kabirou, Professor Catedrático do Departamento de Geografia da Faculdade de Artes e Humanidades da Universidade André Salifou em Zinder, que, apesar das suas muitas preocupações, aceitou supervisionar este trabalho.

Os nossos agradecimentos vão também para o Dr. ABDOU BAGNA Amadou, Assistente Sénior no Departamento de Geografia da Ecole Normale Supérieure na Universidade Abdou Moumouni em Niamey, que co-dirigiu este trabalho. Gostaria de expressar a minha profunda gratidão a todos eles.

Gostaríamos de expressar a nossa sincera gratidão a todos os professores do Departamento de Geografia da Universidade André Salifou, em Zinder, que nos apoiaram ao longo dos nossos estudos universitários.

Gostaria de agradecer ao Dr. ILLOU Mahamadou, professor catedrático e professor investigador na Universidade André Salifou em Zinder, no Departamento de Geografia, que presidiu à defesa desta dissertação.

Gostaria também de agradecer ao Dr. ABDOU Rabiou, Maitre-Assistant e Enseignant Chercheur na Universidade André Salifou de Zinder, na Faculdade de Ciências e Tecnologia, que aceitou atuar como avaliador para melhorar a qualidade deste documento.

ABDOU Mahaman pelo seu apoio durante toda a minha estadia em Zinder. Gostaria de lhe exprimir os meus sinceros agradecimentos pelos seus conselhos e pela sua ajuda financeira.

Gostaríamos também de agradecer a todos os nossos colegas de turma, em particular a ABDOU SANI Mountaka, MOUTA ADAM Lawali, ABDOU ALI Atahir, MAHAMADOU MOUDI Rachid e YACOUBA ISSOUFOU Achirou.

Aos meus amigos e conhecidos pela sua simpatia e profunda bondade que participaram de uma forma ou de outra na realização deste trabalho, os meus sinceros agradecimentos e saibam que este trabalho é fruto do vosso esforço.

Obrigado a todos !!!!!

RESUMO

O presente estudo analisa o impacto da crise de segurança e das inundações na produção de pimento na Comuna Urbana de Diffa. Os efeitos da crise de segurança constituem um verdadeiro drama para a população em geral e para os agricultores em particular. Os prejuízos causados à economia da região são consideráveis. O objetivo geral do estudo é mostrar o impacto da crise de segurança e das inundações na produção de pimentos na comuna urbana de Diffa. Os instrumentos metodológicos utilizados foram a investigação documental, a observação direta no terreno, a recolha de dados através de inquéritos quantitativos e qualitativos e, finalmente, o tratamento e a análise dos dados recolhidos. Os resultados mostram que a crise de segurança e as inundações recorrentes tiveram um impacto negativo na indústria da pimenta na comuna urbana de Diffa. Em primeiro lugar, 45% dos produtores inquiridos interromperam a produção de pimenta devido à insegurança do Boko Haram e 32% abandonaram as suas terras de produção devido às inundações recorrentes. A redução da área cultivada e a queda da produção foram os impactos mais significativos, resultando, respetivamente, numa redução de quase 78,4 hectares, ou 73,17% da área cultivada, e numa queda da produção de cerca de 85,11%. Como resultado, os agricultores afectados estão a viver numa situação precária. Os agricultores desenvolveram estratégias locais para fazer face a estas novas situações.

Palavras-chave: Comunidade urbana de Diffa, produção de pimenta, crise de segurança, inundações, impactos.

INTRODUÇÃO GERAL

O Níger é um país sem litoral, com uma área de 1 267 000 km², cuja fronteira mais meridional se encontra a mais de 600 km do mar (Golfo da Guiné). Três quartos da sua superfície estão situados na zona do Sara. O clima é tropical, semi-árido a árido. O regime pluviométrico caracteriza-se por uma baixa pluviosidade, variável no espaço e no tempo, e por temperaturas elevadas que tendem a acentuar a aridez do clima. MINISTÉRIO DO DESENVOLVIMENTO AGRÍCOLA, (2006).

[1]Demograficamente, com uma taxa de crescimento natural de 3,9% (a mais elevada do mundo), a sua população está estimada em 25.112.469 habitantes em 2022, dos quais mais de 80% vivem em zonas rurais INS, (2012). Este forte crescimento demográfico está a aumentar a pressão sobre os recursos naturais e a agravar a vulnerabilidade das populações, nomeadamente nas zonas rurais (PNEDD, 2000).

A economia do Níger baseia-se em grande parte no sector primário. Em 2017, o sector primário representou 43,4% do PIB (INS, 2018). [2]A contribuição da agricultura irrigada para as receitas de exportação de culturas irrigadas (especialmente cebolas e pimentos) excede 10 mil milhões de francos CFAF MINISTÉRIO DA AGRICULTURA, (2015). [3]O Níger tem um potencial irrigável estimado entre 270.000 e 330.000 hectares, ou seja, entre 1,8% e 2,2% da terra arável total nos sectores da cebola, souchet, sésamo e pimenta PDES (2015).

A prática da agricultura de regadio só se generalizou no Níger após as grandes secas de 1974 e 1984. Desde então, o governo do Níger tem continuado a apoiar a política de agricultura de regadio em todo o país. Estas culturas são efectuadas em torno dos diferentes pontos de água - furos, poços, fossas, lagoas, lagos e rios (OUMAROU H, 2005). Com efeito, a principal cultura de regadio na região de Diffa, a cultura do pimento, continua a ser a principal atividade da população local. Em tempos normais, a produção é estimada em cerca de 11 000 toneladas de pimentos por ano e rende cerca de 6 a 10 mil milhões de francos CFA. Em 2014, a produção foi estimada em 11.142.820 toneladas, ou seja, cerca de 655.460 sacos. O rendimento estimado pelo CRA é de 19 663 800 000 francos CFA. Dada a sua importância para a economia doméstica, a pimenta é apelidada de "o ouro vermelho de *Manga*" PAM, (2016).

O pimento, com a sua contribuição considerável, representa um nicho de mercado prometedor para a região de Diffa e para o país no seu conjunto. A região de Komadougou é a zona de

---

[1]$_0$ A lei dos aumentos geométricos foi utilizada para estimar a população em 2022 $P=P\ (1+T)^n$

[2] SNDI/CER, 2005 e o estudo sobre a contribuição da agricultura de regadio para o PIB agrícola.

[3] Inventário SOGEAH/BRGM em novembro de 1981. Os dados sobre o potencial nacional de terrenos urbanizáveis não são actualizados desde 1982.

produção de pimento. Esta zona está a subexplorar o seu considerável potencial de desenvolvimento, estimado em 75.000 hectares. De facto, apenas 8.000 ha são atualmente dedicados a culturas hortícolas e culturas de rendimento, principalmente pimentos, quiabos, cebolas e trigo (ABDOU A et *al,* 2005).

Desde 2013, o conflito ligado à seita *Boko Haram* na bacia do Lago Chade provocou a deslocação de milhares de refugiados, deslocados internos e repatriados forçados a renunciar ao direito de acesso à terra e aos bens agrícolas ACNUR, (2017).

As inundações estão atualmente no centro dos riscos de catástrofe que o Níger enfrenta. O país enfrenta desde há vários anos inundações recorrentes (HAMANI O e ABDOURAHAMANE O, 2017). Factores naturais e antropogénicos estão na origem das inundações recorrentes na Comuna Urbana de Diffa, cujas repercussões foram significativas nos últimos anos.

A situação de segurança e as inundações recorrentes em Diffa motivaram a escolha do tema: *"Impactos da crise de segurança e das inundações na produção de pimentos na comuna urbana de Diffa".*

Para além da introdução geral, da discussão e da conclusão geral, este trabalho está estruturado em quatro (4) capítulos. O primeiro capítulo trata do quadro teórico e metodológico, o segundo capítulo apresenta as características gerais da área de estudo, o terceiro capítulo descreve o sistema de produção de pimento na área de estudo e o quarto capítulo analisa o impacto da crise de segurança e das inundações na produção de pimento e as estratégias locais para lhes fazer face.

CAPÍTULO I: ENQUADRAMENTO TEÓRICO E METODOLÓGICO

Introdução

Este capítulo descreve a lógica subjacente à escolha do tema, as questões levantadas pelo assunto e a revisão da literatura. Em seguida, apresenta as hipóteses, os objectivos e as definições de um certo número de conceitos-chave. Discute também a metodologia adequada. Por fim, descreve as dificuldades encontradas na realização deste trabalho.

1.1 Quadro teórico

1.1.1 Justificação da escolha do tema.

Este tema é de grande importância para a nossa área de estudo por duas razões: a crise de segurança e as inundações na capital Manga e a importância da cultura do pimento.

As inundações são o tema de conversa da Comuna Urbana de Diffa desde há uma década. Esta catástrofe natural continua a ocorrer quase todos os anos, causando danos consideráveis.

No Níger, qualquer menção a pimentos remete automaticamente para a região de Diffa. Mais de 80% da produção nacional de pimento provém da região de Diffa (MALIKI et *al*, 2006). Tendo em conta este facto, Diffa é a zona ideal para este estudo. A zona de estudo tem um enorme potencial para a cultura de regadio, incluindo :

- A existência de vastas extensões de terras irrigáveis, das quais apenas 4% estão desenvolvidas;
- Disponibilidade de águas superficiais e subterrâneas ;
- Um sector pimenteiro dinâmico;
- O solo é relativamente fértil.

A questão da crise de segurança e do seu impacto socioeconómico é um fenómeno recente que merece ser estudado nesta região. O objetivo deste estudo é destacar o impacto da crise de segurança e das inundações nos produtores de pimento. Esta investigação é uma modesta contribuição para os muitos estudos já efectuados sobre os problemas de insegurança e o seu impacto na agricultura desta região, incluindo :

- OXFAM
- CRA

Além disso, este estudo permitir-nos-á pôr em prática o que aprendemos durante a nossa formação em geografia, através da conceção e da realização de trabalhos de investigação.

1.1.2 Questões

Desde 2009, a região do Lago Chade, que inclui os quatro países ribeirinhos: Níger, Nigéria, Camarões e Chade, vive uma situação sem precedentes, caracterizada por uma crise de segurança sem precedentes. A região de Diffa, que partilha a vulnerabilidade do Sahel, está sujeita a um forte crescimento demográfico, a uma insegurança crescente, à instabilidade política e aos efeitos adversos das alterações climáticas. A região do Lago Chade tem uma população predominantemente rural e a sua economia baseia-se essencialmente na agricultura, na pecuária e na pesca, das quais dependem as populações rurais. [4](GERAUD M, e MARC-ANTOINE P, 2018) . A insurreição armada do grupo *Boko Haram* e a sua repressão a partir de 2009 constituem hoje uma das principais zonas de crise do continente africano, com a sua quota-parte de vítimas, centenas de milhares de pessoas deslocadas e o espetro da fome. [5]Só na Nigéria, o país mais atingido pelo conflito, o Banco Mundial estima os prejuízos em milhares de milhões de dólares em 2015 WORLD BANK, (2015) . A insegurança e as medidas postas em prática pelos actores da contra-insurreição abandonaram certas zonas. No entanto, estas são frequentemente zonas que representavam os pólos rurais mais produtivos, nomeadamente o Lago Chade e o Komadougou Yobé (GERAUD M, e MARC-ANTOINE P, 2018).

Tal como os outros países da bacia do Lago Chade, o Níger tem-se confrontado com sérias ameaças à segurança ao longo das suas fronteiras durante a última década e meia. De facto, o norte do Níger é uma rota para os grupos jihadistas que operam no norte do Mali e no sul da Argélia. No sudeste, o Níger está sob a ameaça direta de grupos armados do *Boko Haram*, que fizeram várias incursões na região de Diffa. No noroeste, a situação de segurança no norte do Mali, nomeadamente na região de Kidal e no circuito do Níger, está longe de estar estabilizada. De facto, em geral, as condições de segurança deterioraram-se ainda mais nas zonas fronteiriças com o Mali, o Burquina Faso e o nordeste da Nigéria MINISTRO DO PLANO, (2017).
Segundo a OCHA (2020), a crise de segurança no Níger tem quatro (4) frentes.

- Desde 2012, a frente ocidental ao longo da fronteira noroeste, a insegurança no Mali e no Burkina Faso e as repetidas incursões de grupos armados não estatais (GANE) nas regiões de Tillabéry e Tahoua tiveram um impacto nas condições de vida da população do Níger.
- A frente oriental, no sudeste, na região de Diffa, onde a situação de segurança continua a ser marcada por ataques repetidos do GANE (cerca de 674 pessoas foram mortas, feridas ou raptadas pelos jihadistas entre janeiro e agosto de 2019, o que levou a movimentos secundários de pessoas que procuram proteção nas comunas de Diffa e Gueskérou. Recorde-se que o estado de emergência na região está em vigor desde 11 de fevereiro de

[4] Saiba mais sobre as nossas publicações: http://editions.afd.fr/

[5] De acordo com a Avaliação da Recuperação e Consolidação da Paz (RPBA) do Banco Mundial (2015), os combates causaram perdas de produção acumuladas de 8,3 mil milhões de dólares americanos (USD), destruíram infra-estruturas no valor de 9,2 mil milhões de USD, mataram cerca de 20 000 pessoas e deslocaram 1,8 milhões.

2015, na sequência dos ataques simultâneos do *Boko Haram* às cidades de Diffa e Bosso, em 6 de fevereiro de 2015. Cerca de 260 000 pessoas (deslocados, refugiados da Nigéria e repatriados) foram registadas na região de Diffa, obrigadas a fugir em numerosas ocasiões.

- No sul do Níger, a deterioração da situação de segurança na fronteira com a Nigéria também levou a novos movimentos de populações que se instalaram nas zonas fronteiriças da região de Maradi. De facto, desde maio de 2019, mais de 35.000 nigerianos dos estados de Sokoto, Zamfara e Katsina chegaram à região de Maradi (OCHA, 2020).
- No Norte, o conflito líbio alastrou à zona desértica que faz fronteira com a Líbia. Esta zona tornou-se o principal centro de tráfico de armas e de droga por parte de grupos criminosos da Líbia.

País agro-pastoril por excelência, três quartos da superfície do Níger situam-se na zona do Sara. O clima é tropical, semi-árido a árido. O regime pluvio-temporal caracteriza-se por uma pluviosidade fraca, variável no espaço e no tempo, e por temperaturas elevadas que tendem a acentuar a aridez do clima. Apesar destes condicionalismos naturais, a agricultura é praticada por mais de 80% da população. A agricultura (incluindo a pecuária, a pesca e a silvicultura) representou 42,1% do PIB em 2014 MINISTERE DU PLAN, (2017). Para além da seca, a pressão demográfica é ilustrada por uma população estimada em 25.112.469 habitantes em 2022, com uma das taxas de crescimento anual da população mais elevadas do mundo, ou seja, 3,9%, INS, (2012). Este dinamismo demográfico aumenta a pressão sobre os recursos naturais e agrava a vulnerabilidade das populações, nomeadamente nas zonas rurais, PNEDD, (2000). Após as grandes secas de 1968 e 1973, o governo do Níger introduziu a agricultura de regadio em todo o país para fazer face à insegurança alimentar que se tinha tornado quase permanente (COHAND J, 2007).

Tal como noutras partes do país, a desertificação e os seus efeitos constituem um problema importante na região de Diffa, comprometendo a sua viabilidade. A precipitação durante a principal estação de produção agrícola diminui progressivamente do sul para o norte da região, conferindo-lhe um carácter pastoral com pastagens extensivas (ADAMOU M, 2019). Esta região enfrenta uma situação de segurança marcada principalmente por ataques repetidos do *Boko haram*. Esta crise de segurança resultou em deslocações maciças da população e na inacessibilidade às zonas de produção agro-silvo-pastoril e de pesca (PAM, 2016).

Esta situação de insegurança conduziu à desestabilização da produção e da comercialização de pimentos e de peixe, que constituem as principais fontes de rendimento das populações da região, nomeadamente ao longo do rio Komadougou e da bacia do lago Chade. A agricultura e a pecuária são os dois (02) pilares da economia da região de Diffa. Por conseguinte, estão sujeitos aos riscos que afectam inevitavelmente os rendimentos. As principais culturas alimentares são o painço, o sorgo, o feijão-frade e o arroz, cuja produção não cobre as necessidades da população. A principal cultura de rendimento é o pimento, cuja produção está sujeita aos caprichos do clima PDC, (2014). A região recebe muito pouca precipitação devido à sua localização nas zonas do Sara e do Sahel. No entanto, tal como o resto do país, a agricultura está a enfrentar uma forte deterioração do seu potencial de produção, sob o efeito combinado de uma pressão fundiária crescente, de condições climáticas irregulares e desfavoráveis e de métodos de produção que permanecem tradicionais. Todos estes factores, associados à natureza dos sistemas de produção, conduziram a um défice crónico de cereais. PIERRE-FRANÇOIS P e SALIFOU K, (2005).

Situada na região de Diffa, a Comuna Urbana de Diffa estende-se num raio de 20 km para cada lado do centro urbano, com uma superfície estimada em 229 km2. Com uma população de 78 544 habitantes em 2022, é predominantemente rural.

O tecido económico da nossa zona de estudo é dominado pelo sector primário, ou seja, a agricultura, a pecuária e a pesca. No entanto, estes sectores estão ameaçados por condições muito restritivas de pluviosidade insuficiente e irregular e de insegurança devido às ameaças da seita *Boko-Haram*, que provocaram uma deslocação maciça de populações do vale de Komadougou Yobé para norte. Esta deslocação conduziu ao abandono das culturas de regadio.

O pimento, o "ouro vermelho" da região, é a principal cultura de rendimento. A cultura do pimento parece ser uma escolha estratégica para afetar os recursos disponíveis a uma cultura de rendimento de regadio segura, num contexto em que o sucesso das culturas de sequeiro é incerto. No entanto, o principal constrangimento deste sector é a dificuldade de acesso ao financiamento enfrentada por todos os intervenientes e, mais particularmente, pelos produtores de pimento (PIERRE-FRANÇOIS P e SALIFOU K, 2005).

Com efeito, a fragilidade da organização dos intervenientes constitui um entrave ao desenvolvimento do sector. A sustentabilidade e a rentabilidade dos sistemas de produção estão fortemente ameaçadas por práticas de cultivo que conduzem ao empobrecimento dos solos, a uma menor rentabilidade, a efeitos nocivos para o ambiente e à insegurança no território. (PIERRE-FRANÇOIS P e SALIFOU K, 2005). A todos estes constrangimentos, juntam-se as inundações recorrentes provocadas pela subida das águas do Komadougou Yobé. Os anos em questão foram 1998, 1999, 2002, 2012, 2013 e 2019, dos quais 2019 foi um evento excecional e catastrófico devido à escala das perdas e danos causados à população.

De um modo geral, a crise de segurança, as inundações e a produção de pimenta são, portanto, questões importantes para a população da região de Diffa. Isto justifica este trabalho de investigação sobre o tema "Impactos da crise de segurança e das inundações na produção de pimenta". Para o efeito, é colocada a seguinte questão principal: Quais são os impactos da crise de segurança e das inundações na produção de pimenta na comuna urbana de Diffa? Esta questão principal de investigação deu origem a outras questões secundárias que serviram de base à reflexão:

- Como é o sistema de cultivo do pimento?
- Que impacto tiveram a crise de segurança e as inundações na produção de pimento na comuna urbana de Diffa?
- Que estratégias endógenas adoptaram os agricultores para fazer face aos diferentes constrangimentos, nomeadamente a insegurança e as inundações?

1.1.3 Revisão da literatura

Muito trabalho tem sido dedicado ao estudo da crise de segurança, dos seus efeitos e das estratégias de adaptação adoptadas para a enfrentar. Esta revisão da literatura está dividida em três secções: o contexto da crise de segurança, as inundações recorrentes e o cultivo de pimenta.

- **A crise de segurança, um travão à atividade económica na região**

No Sahel, desde 2010, a violência ligada às milícias islamistas aumentou consideravelmente no continente, representando 13,54% de toda a violência política em 2012 (em comparação com 4,96% em 1997) e, na África Ocidental, os grupos extremistas deslocam-se agora facilmente de um Estado para outro, de acordo com (STRAUS, 2012 citado por ALEXANDRE M, *al*, 2015).

Neste contexto, o OCHA (2017) afirma que, na bacia do Lago Chade, até março de 2017, a crise de segurança tinha provocado a deslocação de quase 2,5 milhões de pessoas deslocadas internamente, refugiados e repatriados. Trata-se da segunda maior crise de deslocação do mundo, a seguir à Síria, e a que regista o crescimento mais rápido. Nos últimos dois anos, o número de pessoas deslocadas, 58% das quais são mulheres e 62% crianças, triplicou.

Na sua avaliação, a FAO (2017) destaca a perda significativa de meios de produção, a inacessibilidade dos locais de produção e a destruição dos canais de comercialização para o fornecimento de factores de produção.

Em particular, o alastramento do fenómeno *Boko Haram* ao lago e às margens do Chade continua a comportar riscos de segurança e é suscetível de desestabilizar uma região cosmopolita em que os mecanismos de coabitação permanecem frágeis. Para além dos movimentos sazonais, as chegadas sucessivas de civis deslocados, refugiados ou repatriados às margens do lago desde janeiro de 2015 afectaram por vezes a coesão social. Em janeiro de 2017, as agências humanitárias OCHA e OXFAM comunicaram a presença de 100 765 pessoas deslocadas na região, às quais se juntam cerca de 21 000 pessoas deslocadas ainda não registadas e quase 7 000 refugiados, principalmente nigerianos. Na sua maioria, fugiram das atrocidades cometidas pelo *Boko Haram* ou abandonaram as ilhas sob a pressão dos exércitos da região. INTERNATIONAL CRISIS GROUP RAPPORT, (2017).

Além disso, de acordo com um artigo de (SAGAGI M e THORBUM A, 2019), a região do Lago Chade é frequentemente citada como uma região que sofre as consequências das alterações climáticas e da desertificação, resultando em actividades económicas limitadas em torno da agricultura, da pesca e do comércio, o que, por sua vez, aumenta a suscetibilidade à violência e à criminalidade. Os quatro países da região do Lago Chade caracterizam-se por populações maioritariamente pobres e que dependem essencialmente da agricultura de subsistência, com oportunidades limitadas de valorização e inovação.

Como revelam os trabalhos da ONU, (2018), o estado de emergência instaurado em 2015 na região de Diffa, e renovado várias vezes, teve como efeito o reforço da presença militar nigeriana e da força especial multinacional, composta por unidades militares do Benim, Camarões, Níger, Nigéria e Chade, com o mandato de pôr termo ao conflito iniciado pelo *Boko Haram*. Além disso, o conflito prolongado e as medidas adoptadas no âmbito do estado de emergência limitaram as actividades de subsistência, incluindo a pesca, a venda de peixe, a produção de pimenta e a compra de combustível e fertilizantes essenciais para a produção agrícola. O estado de emergência conduziu igualmente a restrições à liberdade de circulação das pessoas, com zonas militarizadas e declaradas inacessíveis aos civis. Estas medidas de luta contra os grupos armados não estatais tiveram um efeito devastador na população civil e nos seus meios de subsistência na região de Diffa.

De facto, o estudo realizado pela FAO (2016) nos estados de Borno, Yobe e Adamawa, na Nigéria, mostrou que a maioria dos agricultores tinha, no passado, um sistema informal de sementes bastante resistente, com fortes redes sociais e múltiplas variedades cultivadas por cada família. Desde a insurreição *do Boko Haram*, os sistemas de sementes formais e informais foram afectados. A semente certificada de fontes formais é alegadamente demasiado cara para muitas pessoas, particularmente para as famílias de agricultores pobres e para as pessoas deslocadas internamente, refugiados e repatriados. As estradas em mau estado e a insegurança aumentam os custos de transporte, conduzindo a preços de mercado mais elevados.

Também a OXFAM-Diffa, (2016) salienta que, desde fevereiro de 2015, o valor e o volume do mercado de pimenta vermelha seca na região de Diffa diminuiu drasticamente. A região de Komadougou tornou-se fortemente militarizada e registou um enorme aumento de refugiados e pessoas deslocadas em 2015 e 2016.

O autor explica que muitos produtores de pimenta se viram deslocados e separados das suas terras produtivas. Quanto àqueles que permaneceram perto das suas terras, a maioria tem apenas um acesso limitado a elas, correndo grandes riscos, como salientaram os agricultores entrevistados pela Oxfam em 2016. Os dados da Oxfam mostram uma queda de 96% no número de pessoas que afirmam ter um rendimento proveniente do cultivo de pimenta desde o início do conflito. Aqueles que continuam a trabalhar como pequenos produtores de pimenta ganham apenas 64% do que ganhavam antes do início do conflito com o *Boko Haram*. A sua produção diminuiu de 100 a 50 sacos por colheita de pimenta para uma média de 50 a 10. Além disso, as pessoas têm muito medo dos ataques, pilhagens e extorsões perpetrados pelo *Boko Haram* nos campos, nas estradas e nas suas aldeias, especialmente à noite. Além disso, devido à forte presença militar, alguns agricultores, sobretudo mulheres, não se sentem seguros para aceder aos seus campos. No âmbito do atual estado de emergência, os produtores de pimenta são obrigados a obter autorização para comprar insumos agrícolas, nomeadamente fertilizantes e combustível, que, segundo o governo, podem ser utilizados para fabricar explosivos. Em consequência destas regras, os produtores dispõem de quantidades limitadas de fertilizantes e não podem, por conseguinte, fertilizar as mesmas áreas de terreno que anteriormente. Estas medidas restritivas tendem também a obrigar as pessoas a recorrer ao comércio ilícito para terem acesso aos factores de produção necessários, o que aumenta os riscos de prosseguirem as suas actividades. Os rendimentos dos pequenos produtores de pimento sofreram um colapso devido aos baixos preços e à redução da capacidade de produção, principalmente devido às restrições de acesso a terras produtivas OXFAM, (2016).

Neste contexto, a ONU (2016) estimou que cerca de 8 milhões de pessoas na região do Lago Chade necessitam de assistência. No Níger, por exemplo, o campo de Diffa, gerido pelas Nações Unidas, acolheu cerca de 250 000 pessoas deslocadas em 2016. Nesse ano, *o Boko Haram* levou a cabo mais de 30 ataques mortíferos no campo, obrigando a ONU a deslocar estes refugiados para uma zona vizinha. Desde então, embora os relatórios indiquem que a situação de segurança melhorou em Diffa, a bacia do Lago Chade está a sofrer as consequências das acções do *Boko Haram* na região EASO, (2018).

- **Antecedentes das inundações recorrentes**

- **As inundações como fonte de catástrofes naturais**

As inundações são a maior catástrofe natural do mundo, causando cerca de 20.000 vítimas por ano (MEDD, 2004). Estão entre as catástrofes naturais mais comuns no mundo e as mais dispendiosas em termos socioeconómicos.

As inundações são uma das catástrofes naturais mais frequentes e devastadoras, afectando várias regiões e atingindo por vezes a escala de uma catástrofe nacional (BOUDOUKHA A, e BOUMESSNEGH A, 2012). As inundações tornaram-se sinónimo de perdas e devastação. Quase todos os anos, ficamos a saber que, algures, as inundações causaram danos em infra-estruturas, meios de subsistência e bens.

Segundo a OMM, (2006) citado por BENOIT S, (sem data) mais de 80 a 90% das catástrofes naturais estão ligadas a fenómenos hidroclimáticos como secas, chuvas fortes e inundações.

- **As consequências das inundações**

As inundações são, desde há algumas décadas, uma das consequências mais temidas da variabilidade climática extrema. Trata-se de um dos flagelos mais devastadores que atingem o planeta atualmente. Caracteriza-se pela submersão de terras resultante do transbordamento de água ou de chuvas intensas (DOSSOU, 2015).

As consequências das inundações são tanto ambientais como humanas. Resultam na perda de vidas humanas e de bens, no engolimento de terras aráveis e em danos nas infra-estruturas económicas (AGRHYMET, 2013 Citado por HAMANI O e ABDOURAHAMANE O, 2017).

Após as secas dos anos 70 e 80, os países da África Ocidental, e o Sahel em particular, sofrem agora os efeitos de chuvas torrenciais e inundações devastadoras. Os danos e perdas associados a estes fenómenos hidroclimáticos extremos foram estimados em várias centenas de milhares de milhões de francos suíços. Além disso, estes fenómenos minaram os sistemas humanos, causando perdas humanas e materiais, afundando os sistemas agrícolas e as infra-estruturas económicas BENOIT S, (sem data).

Segundo o PAM (2007), "as inundações de 2007 em África, que se estenderam da Mauritânia, a oeste, até ao Quénia, a leste", são consideradas as piores das últimas décadas. Mais de um milhão e meio de pessoas foram afectadas, incluindo mais de 600.000 na África Ocidental.

Em 2007, as piores inundações na África Ocidental em mais de 30 anos mataram 33 pessoas no Burkina Faso e 23 no norte do Togo, e deslocaram 46.000 pessoas, incluindo 26.000 no Burkina Faso e 14.000 no Togo. No Burkina Faso, 17 689 ha de culturas foram inundados, com perdas de produção de cerca de 13 500 toneladas, e 55 barragens viram os seus diques rompidos (ADAPTE S, 2009).

O custo económico das inundações é muitas vezes considerável. Entre 2000 e 2008, os danos causados pelas inundações na região do CILSS estão estimados entre trinta e nove (39) e oitenta (80) mil milhões de dólares americanos AGRHYMET, (2013). No que diz respeito à propriedade, as colheitas de hortas foram arrastadas e as redes de comunicações e de eletricidade foram interrompidas, aumentando as perdas económicas.

Como muitos países da África Ocidental, o Níger está sujeito ao risco de inundações, que causam danos consideráveis. De acordo com um estudo realizado em 2013 pelo Institut de la Recherche en Développement (IRD, 2013), as inundações no Níger afectaram quase todas as regiões, em graus variáveis, durante a última década. Estas inundações ocorrem entre agosto e novembro.

De acordo com HAMADOU e DOMINIQUE (2013), uma das inundações mais graves que atingiu a capital Niamey foi em 1998, quando foram registados grandes prejuízos. Esta situação envolveu o desmoronamento de habitações e de estruturas de comunicação terrestre (estradas, pontes, etc.). Para além dos danos físicos, há ainda os danos psicológicos causados pelo trauma e pela instabilidade social. As inundações podem também ter um impacto negativo na educação, devido às disfunções que podem causar.

Assim, de acordo com, (HAMANI O e ABDOURAHAMANE O, 2017), menciona o balanço das inundações de 2012. Relata que as inundações de 2012 danificaram as infra-estruturas socioeconómicas e os perímetros irrigados ao longo do rio Níger e do Komadougou e causaram danos significativos. No mesmo número do Sahel quotidien n°8997, De acordo com o ministério responsável pela agricultura, a 7 de setembro de 2013, as cheias de 2012 causaram danos estimados em 32 mil milhões de francos CFA 48,8 milhões de euros.

Tal como as outras regiões do Níger, Diffa não é poupada a estes fenómenos. Com efeito, tal como a maior parte das outras regiões do país, a região de Diffa sofre de inundações catastróficas, que constituem um constrangimento importante para as actividades e um obstáculo ao desenvolvimento económico.

O inventário das inundações para o período 2000-2021, de acordo com os dados da DRM/D, mostra que a Comuna Urbana de Diffa tem sofrido repetidas inundações. Estes acontecimentos imprevisíveis no tempo e no espaço causaram enormes prejuízos. De acordo com o relatório de inundações de 2019 elaborado pelo ponto focal do MAH/GC/Diffa, foram afectados 1.187 agregados familiares, ou seja, 6.717 pessoas, 1.909 casas e 235 cabanas desmoronadas.

De acordo com os trabalhos de TARCHIANI V, et *al* (2021), as inundações na região de Diffa concentram-se no sul da região e devem-se principalmente às cheias do Komadougou, um afluente do Lago Chade, ou a chuvas intensas.

De acordo com o estudo efectuado pelo CNEDD (2019), em caso de inundação, cerca de 120 600 ha de terras agrícolas da região, constituídas principalmente por culturas de regadio e de planície, estarão em risco muito elevado de vulnerabilidade. Trata-se sobretudo de culturas de pimento e de arroz. As localidades ao longo do rio Komadougou e nas margens do lago Chade estão expostas a um risco elevado de vulnerabilidade às inundações (como em 1988, 2012, 2015 e 2017).

- **Produção de pimenta**

  - **Características dos pimentos**

As culturas hortícolas são de grande importância para a humanidade, contribuindo para a luta contra a subnutrição em todo o mundo, nomeadamente nas zonas tropicais afectadas pela seca, e permitindo igualmente aos agricultores aumentar as suas fontes de rendimento (Candy J, 2006). Na Costa do Marfim, nas localidades de Dabou e Bouaké, a cultura do pimento segue este princípio (ANTOINE K, 2015). O pimentão (*Capsicum annuum*), mais conhecido pelo seu nome genérico de capsicum, é uma planta hortícola originária da América tropical, muito apreciada pelo seu fruto, que é consumido principalmente como vegetal (TRISTÃO, 2004). O pimento pertence à família das Solanáceas. Pensa-se que as primeiras variedades de pimento são originárias de uma zona situada nas montanhas do Sul do Brasil, a leste da Bolívia, do Paraguai e a sul da Argentina, denominada "zona central", onde se pensa que se encontram todas as principais espécies domesticadas do género (KALLOO, 1988 citado por ANTOINE K, 2015).

O pimenteiro é uma planta herbácea, de 0,5 a 1,5 m de altura, com um sistema radicular bastante forte e raízes que tendem a crescer lateralmente num raio de 0,30 a 0,50 cm. As folhas são simples, largas, moles, pecioladas e alternas, muitas vezes sem pêlos. A espécie *Capsicum annuum* é a mais cultivada no mundo e a mais viável economicamente (CHAUX e FOUR Y, 1994 citados por ANTOINE K, 2015). *O Capsicum annuum* inclui variedades de *pimentos doces* e espinhosos. Os principais produtores mundiais são a China, seguida do México, da Turquia e de Espanha. O pimento é uma das plantas hortícolas mais exigentes em termos de temperatura, mas é menos exigente em termos de sol do que o tomate. Desenvolve-se melhor a temperaturas entre 16° e 26°C, com 50-60% de luz solar tropical, especialmente para as plantas jovens. Nos trópicos, desenvolve-se em altitudes entre 400 e 800 metros, bem como durante a estação seca nos climas do Sahel ou do Sul da China, a cerca de 25° de latitude norte. É cada vez mais cultivada nas savanas durante a estação seca para ser exportada para a Europa na época baixa. Necessita de um solo rico em húmus e com pouca humidade (Candy J, 2006).

- **Contribuição socioeconómica dos pimentos**

O pimento continua a ser uma das culturas mais cultivadas em todo o mundo, em todos os continentes. Além disso, a produção mundial de pimento tem evoluído progressivamente ao longo do tempo, passando de cerca de 20 milhões de toneladas em 2000 para 22 milhões de toneladas em 2013, o que representa um aumento anual de cerca de 4% (BELKHIRI E, e SEFIH F, 2016). No entanto, de acordo com a FAO (2007), a produção mundial de pimento está estimada em 23,2 milhões de toneladas, sendo a China o principal produtor mundial com 14 milhões de toneladas, ou seja, quase 50%.

De acordo com as estatísticas da FAO, a produção de pimento na bacia mediterrânica ultrapassou os 100 milhões de toneladas em 2015. A Turquia, o Egipto, a Itália e a Espanha são responsáveis por 71% desta produção. A Argélia é, de longe, o principal produtor, com uma produção média anual de cerca de 6 788 809 toneladas, ou seja, 0,1% da produção mundial total e 09% da produção na bacia mediterrânica (ZITOUNI D, e DOUAR K., 2017).

[6]Neste contexto, (ISSA Y, 2005) salienta que, no Níger, o pimento é produzido principalmente no departamento de Diffa (82% da produção nacional) e, em particular, no arrondissement com o mesmo nome. As outras produções ocorrem em quase todo o território, nomeadamente nas zonas ditas de entressafra de Zinder, Maradi e Tillabéry. Os produtores do sul de Maradi exportam pimentos frescos para Kano. (DIALLO B, 1995 citado por PPEAP, sem data) indica que a procura nacional é estimada em 0,3 kg por habitante e por ano, com base em 0,2 kg nas zonas rurais e 0,8 kg nas zonas urbanas. Em 1999, a procura nacional global foi estimada em cerca de 3 000 toneladas, ou seja, um terço da produção desse ano. O pimento de Diffa é exportado para a Nigéria, através da rota Maiduguri - Kano. Este facto deve-se a uma diferença de calendários de colheita entre o Níger (mais cedo) e o outro lado da fronteira nigeriana. Estima-se que foram exportadas cerca de 2 000 toneladas de pimentos doces para a Nigéria em 1995, e as necessidades deste importante mercado parecem estar longe de ser satisfeitas. No caso do sector dos pimentos doces, as entradas líquidas de divisas em 1998 ascenderam a 4,3 mil milhões de euros. Os pimentos do Níger são muito procurados na Nigéria e a produção poderia ser aumentada, segundo os observadores do mercado PPEAP (sem data).

[6] Projeto de promoção das exportações agro-pastoris, estudo sobre a facilitação do comércio nos sectores agrícolas do PPEAP (sem data).

[7](BIGA I, 2008) indica que o rendimento médio dos últimos dez anos é de cerca de 1 600 kg de pimento seco por hectare, contra 2 200 kg noutras regiões PAPAK, (2006).

No que diz respeito à produção de pimenta na região de Diffa, (PIERRE-FRANÇOIS P e SALIFOU K, 2005) salienta que, nos anos 80, a difusão de pequenas motobombas adaptadas à agricultura individual conduziu a um aumento considerável da produção e que, nos anos 2000, a partir desta faixa de 150 km de comprimento e 5 km de largura, são exportadas anualmente cerca de 10 000 toneladas de pimenta seca, o que representa um lucro de 7 a 8 mil milhões de francos CFA, 7 a 12 milhões de euros, beneficiando a agricultura, nos anos 2000, a partir desta faixa de 150 km de comprimento e 5 km de largura, são exportadas anualmente perto de 10 000 toneladas de pimenta seca, o que representa um lucro de 7 a 8 mil milhões de francos CFA, 7 a 12 milhões de euros, beneficiando uma população agrícola estimada em mais de 30 000 pessoas.

De acordo com a Câmara Regional de Agricultura de Diffa, antes de 2014, a área cultivada de pimento estava estimada em 8.000 ha, com uma produção de pimento seco entre 8.000 e 10.000 toneladas. Antes da incursão *do Boko Haram*, a produção anual do sector valia geralmente 15 mil milhões de francos CFA. O pimento é a cultura "motor" do vale de Komadougou, proporcionando trabalho a milhares de agregados familiares de ambos os sexos e de todas as faixas etárias.

De acordo com o Réseau National des Chambres d'Agriculture du Niger RECA (2010), a análise das contas de exploração mostra que a atividade é rentável para a grande maioria dos produtores, com uma taxa de rentabilidade comercial superior a 33% para mais de metade. Com uma taxa de valor acrescentado elevada, superior a 35%, a atividade contribui para a criação de riqueza nacional. No entanto, o CRA (2010) salienta que os custos de exploração são elevados, da ordem dos 955 000 FCFA/ha, e dizem respeito aos adubos e pesticidas (22%), à mão de obra (19%) e aos combustíveis e lubrificantes (15%). Estes custos elevados evidenciam as dificuldades de financiamento dos agricultores, obrigando-os a recorrer ao crédito informal.

Para além da sua contribuição económica para a região de Diffa, a importância do sector do pimento na segurança alimentar é muito elevada no departamento de Diffa, que assegura a maior parte, se não a totalidade, da produção. Por exemplo, o rendimento obtido pelos produtores em 1998 deveria permitir-lhes comprar mais de 8.000 toneladas de cereais, o que

[7] Projeto de Apoio aos Produtores Agrícolas de Komadougou PAPAK, (2006).

equivale às necessidades anuais de mais de 30.000 pessoas da PPEAP, (sem data). [8]Quanto ao pimento (VICTORIA O, 2015), uma excelente fonte de vitamina C, 125 ml de pimento vermelho fornecem quase o dobro da quantidade diária recomendada. A vitamina C é um antioxidante essencial, que protege o corpo humano de infecções e promove ossos, dentes, gengivas e cartilagens saudáveis.

O pimento é igualmente utilizado para preparar molhos para as refeições domésticas ou para temperar certos alimentos prontos a consumir, como os fritos, as carnes grelhadas, etc. Os consumidores de pimento pertencem, portanto, a todos os estratos sociais do país (OUSMAN Y, 2013).

De tudo o que precede, pode concluir-se que a produção de pimento foi abordada sob vários ângulos. É adoptada em todo o mundo e dá um contributo importante para a melhoria das condições de vida das populações, através da sua contribuição económica e utilização social. No entanto, na zona de estudo, o desenvolvimento desta atividade agrícola é limitado pelos riscos climáticos e pelo forte crescimento demográfico, que exerce pressão sobre as terras. E também pela crise de segurança.

1.1.4 Objectivos da investigação

O objetivo geral deste trabalho é mostrar o impacto da crise de segurança e das inundações na produção de pimentos na comuna urbana de Diffa.

Especificamente, trata-se de :

- Avaliação do sistema de produção de pimento na Comuna Urbana de Diffa.
- Analisar o impacto da crise de segurança e das inundações na produção de pimento.
- Identificar as estratégias endógenas dos produtores para fazer face às restrições de segurança e às inundações.

1.1.5 Hipóteses de investigação

A fim de responder às questões colocadas no problema, são formuladas as seguintes hipóteses:

- O sistema de cultivo do pimento produz bons rendimentos.
- A crise de segurança e as inundações provocaram uma quebra na produção de pimento.
- Os produtores adoptaram estratégias para fazer face às restrições de segurança e às inundações.

[8] http://Www.Femininbio.com/alimentation/conseils-et-astuces/vertus-bienfaits-du pepper 54209, consultado em 4/02/2021 às 18:27.

1.1.6 Definição de conceitos

A definição de conceitos-chave é de extrema importância para qualquer estudo ou investigação no domínio das ciências sociais. Para facilitar a compreensão deste documento, foram definidos alguns conceitos.

- **Impactos**

KOUAKOU A (2010) define-o como os efeitos tangíveis e intangíveis, directos e indirectos, positivos e negativos que um incidente, uma mudança, um problema, um movimento ou uma ação tem, ou pode ter, sobre um fenómeno. No contexto deste trabalho, o impacto refere-se às consequências positivas e/ou negativas da crise de segurança *do Boko Haram* na produção de pimenta.

- **Crise de segurança**

Simplesmente como "uma falta de segurança, ansiedade causada pela possibilidade de perigo", é na realidade apenas o resultado final de ameaças formadas por movimentos e entidades criminosas que procuram acabar com a segurança, mais ou menos global, e impor as suas visões, com o objetivo de prosperar melhor no tempo e no espaço (ADAMOU M, 2019).

- **Sistema de cultivo**

Trata-se da utilização de uma superfície agrícola por um grupo de parcelas com uma organização espácio-temporal homogénea que resulta no mesmo tipo de sucessão de culturas (JOUVE, 1984).

- **Pimentos**

Os pimentos pertencem ao género Capsicum da família *das Solanáceas*, da subclasse *Aristidae* do grupo das dicotiledóneas evoluídas, caracterizadas por gamopétalas (pétalas fundidas). *As Solanáceas* pertencem à ordem *Polemonia*, de hábito herbáceo e ovário superecto (GUIGNARD, 1996).

- **Produção**

Num sentido comum, a produção refere-se à atividade económica de criação de bens e serviços. A produção é, antes de mais, o resultado do trabalho humano (JEAN. L, 2009).

- **Inundações**

A inundação é a submersão, rápida ou lenta, de uma área que pode ser habitada; corresponde ao transbordamento de água (BOUBCHIR, 2007).

- **Estratégias de adaptação**

As estratégias de adaptação implicam uma dinâmica de mudança ou a adoção de novas técnicas de produção (ALPHA G, 2010). A adaptação pode ser espontânea ou planeada, em resposta ou em antecipação da mudança.

1.2 Quadro metodológico

A metodologia adoptada para este estudo divide-se em várias etapas: pesquisa documental, observação direta no terreno, recolha de dados, tratamento e análise dos dados recolhidos.

1.2.1 Investigação documental

A pesquisa documental é uma etapa muito importante em qualquer projeto de investigação. O seu objetivo é fazer um balanço dos estudos anteriores realizados no domínio do presente estudo. Permite-nos inventariar a documentação relacionada com o tema. Permite-nos também consultar as obras disponíveis nas bibliotecas. Esta pesquisa documental centra-se, numa primeira fase, em obras de carácter geral relativas aos problemas de segurança no Sahel e às inundações. Abrange também as diversas publicações sobre pimentos. Estas incluem teses, relatórios e dissertações. [9]Foram consultados sítios Internet, nomeadamente o sítio do IRD, utilizando o Google como motor de pesquisa.

Esta fase do trabalho forneceu informações importantes sobre o tema, ajudando a definir os seus vários contornos.

1.2.2 Trabalhos no local

Após a pesquisa bibliográfica, foram utilizados inquéritos e entrevistas para recolher as informações necessárias à elaboração do presente relatório.

- **Observação direta do terreno**

Esta fase consistiu em visitas directas ao terreno. Durante esta fase, foram mantidas conversas informais com os produtores. Foi também uma oportunidade para estabelecer contactos com as autoridades administrativas e consuetudinárias, bem como com os serviços técnicos do governo. Além disso, esta fase permitiu observar as características biofísicas da zona de estudo.

- **Recolha de dados no terreno**

A recolha de dados é uma parte crucial do processo de investigação. Esta fase foi efectuada através de uma série de visitas ao terreno. Durante esta fase, foram realizados inquéritos quantitativos e qualitativos para recolher as informações necessárias. Para os primeiros inquéritos, foi elaborado um questionário e administrado aos produtores. Para os segundos, foram elaborados guiões de entrevista. Isto permitiu caraterizar os sistemas de produção, analisar o impacto da crise de segurança e das inundações na cultura do pimento e identificar

[9] Painel de avaliação das publicações do IRD https:// www.documentation.ird.fr

as estratégias de sobrevivência adoptadas para fazer face à insegurança e aumentar a produção. Esta fase foi realizada em fevereiro e março de 2022.

1.2.3 Amostragem

Foram seleccionados para este estudo quatro (4) locais na Commune Urbaine de Diffa, nomeadamente os locais CBLT, Lada Koulou, Bagara e Tourban guida. Os locais de estudo foram seleccionados com base num certo número de critérios. Estes incluíam a sua proximidade do rio Komadougou, que é a zona de produção de pimenta, o grande número de produtores nestes locais e a acessibilidade dos locais dada a insegurança ligada ao Boko Haram. A população-alvo é constituída por produtores de pimento.

Os inquéritos foram efectuados com base numa amostra de 110 produtores da Commune Urbaine de Diffa, repartidos da seguinte forma: (55) produtores para o sítio CBLT; (22) produtores para o sítio Lada Koulou; (22) produtores para o sítio Bagara e (11) produtores para o sítio Tourban guida. É evidente que se trata de uma amostragem aleatória simples, uma vez que os indivíduos que constituem esta população não foram agrupados antes do sorteio, pelo que as amostras foram escolhidas ao acaso. A utilização de uma amostragem aleatória simples explica-se pelas dificuldades ligadas à insegurança. De um total de 478 produtores repartidos pelos quatro locais seleccionados na Commune Urbaine de Diffa (Lada Koulou, CBLT, Bagara e Tourban guida), foi considerada uma amostra de 23%. Esta amostra é representativa tendo em conta a situação de segurança na zona e os nossos recursos muito limitados.

Tabela 1 Repartição dos produtores inquiridos por local

Sítios	Número de produtores	Número de produtores inquiridos	Número de produtores inquiridos (%)
CBLT	**239**	55	50%
Bagara	**96**	22	20%
Lada koulou	**96**	22	20%
Tourban guida	**47**	11	10%
Total	**478**	**110**	**100%**

Fonte: dados de março de 2022

O quadro 1 mostra a distribuição dos inquiridos por local. A escolha de 55 produtores no CBLT justifica-se pelo grande número de produtores de pimento. De facto, o local é utilizado pelos habitantes da aldeia e também pelos da cidade de Diffa. No entanto, em Bagara e Lada Koulou, a produção de pimento continua a ser marginal, pelo que o número de produtores é limitado nesses locais. Por último, em Tourban Guida, a situação de segurança é ainda instável, o que impossibilitou o inquérito a vários produtores.

- **Inquérito quantitativo (questionários)**

Esta abordagem baseou-se num inquérito por questionário aos produtores de pimento. Os inquéritos decorreram durante um mês, de 25/02/22 a 29/03/22. É de salientar que os questionários foram aplicados apenas durante a manhã, entre as 8 e as 14 horas, dada a situação preocupante de insegurança na zona. As informações recolhidas referem-se ao sistema de cultivo do pimento, ao impacto da crise de segurança e das inundações na produção de pimento e às estratégias locais de sobrevivência. O questionário está dividido em sete (7) secções:

- Características socioeconómicas dos inquiridos ;
- Posse da terra para os produtores ;
- A crise de segurança e a produção de pimenta;
- Desempenho antes e durante a crise ;
- Pimentos e métodos de produção ;
- Pimentos e armazenagem ;
- Estratégias de adaptação local

Em suma, esta fase permitiu-nos recolher as informações necessárias para a realização deste trabalho.

- **Inquérito qualitativo (entrevistas)**

Para além dos inquéritos por questionário, foram realizadas entrevistas semi-estruturadas utilizando um guia de entrevista. No total, foram efectuadas 4 entrevistas. Estas foram escolhidas com base nas informações susceptíveis de fornecer sobre o tema em estudo. Dois chefes de aldeia, um diretor da câmara regional da agricultura e o presidente dos comerciantes de pimenta foram envolvidos nesta fase. Os principais temas abordados foram a posse da terra, a cultura da pimenta, a insegurança *do Boko Haram* e o impacto da crise e das inundações no sector da pimenta. Este inquérito foi efectuado com recurso a um guião de entrevista

1.2.4 Processamento e análise de dados

A informação recolhida foi processada e analisada utilizando o software Sphinx plus2-v5. Isto permitiu analisar os dados recolhidos através dos inquéritos quantitativos. Os dados foram depois transferidos para o Excel para produzir os gráficos. Os mapas foram desenhados com o ARCGIS 10.3. Por fim, o Word foi utilizado para redigir o presente trabalho.

1.2.5 Dificuldades encontradas

Este tema aborda a crise de segurança *do Boko Haram* em geral e o terrorismo em particular na Commune Urbaine de Diffa. Por conseguinte, toca naturalmente nas questões de defesa e de segurança. É evidente que, neste contexto de insegurança, somos confrontados com um certo limite, pois é difícil distinguir entre combatentes e não combatentes. Os problemas de acesso a certas zonas devido à insegurança e ao estado de emergência fazem com que alguns actores estejam inacessíveis, mas também limitados nas informações que podem dar por receio de represálias. Além disso, existem dificuldades de deslocação e de escolha dos produtores a inquirir, tendo em conta o estado de emergência. Por último, a veracidade dos dados recolhidos, porque a intervenção de várias organizações regionais e internacionais influencia necessariamente a qualidade das informações recolhidas.

Conclusão parcial

Neste capítulo é feita uma apresentação detalhada do enquadramento teórico e metodológico através da definição do problema, seguida de uma revisão da literatura. Além disso, foram apresentadas as hipóteses e os objectivos, bem como os instrumentos metodológicos utilizados. Para além disso, foi abordada a questão do tratamento e análise dos dados e, por fim, foram apresentadas as dificuldades encontradas. Após o enquadramento teórico e metodológico, a área de estudo é apresentada no capítulo seguinte.

CAPÍTULO II: APRESENTAÇÃO GERAL DA ZONA DE ESTUDO

Introdução

Este capítulo apresenta sucessivamente a localização da área de estudo, o ambiente físico, nomeadamente o relevo, o clima, os solos, a flora e a fauna e os recursos hídricos, seguido dos aspectos demográficos e, por último, os aspectos socioeconómicos da área de estudo.

1.3 Localização da área de estudo

A Comuna Urbana de Diffa está situada no extremo sudeste do Níger, na Route Nationale N°1, a 1360 km de Niamey. [2]Estende-se por um raio de 20 km de cada lado do centro urbano, com uma superfície estimada de 229 km. A comuna urbana de Diffa faz fronteira a leste e a norte com a comuna rural de GUESKEROU e a oeste com a de CHETIMARI. A sul, faz fronteira com a República Federal da Nigéria numa extensão de mais de 30 km, marcada pelo rio Komadougou Yobé PDC, (2014). A Figura 1 mostra a localização da comuna e dos locais de inquérito.

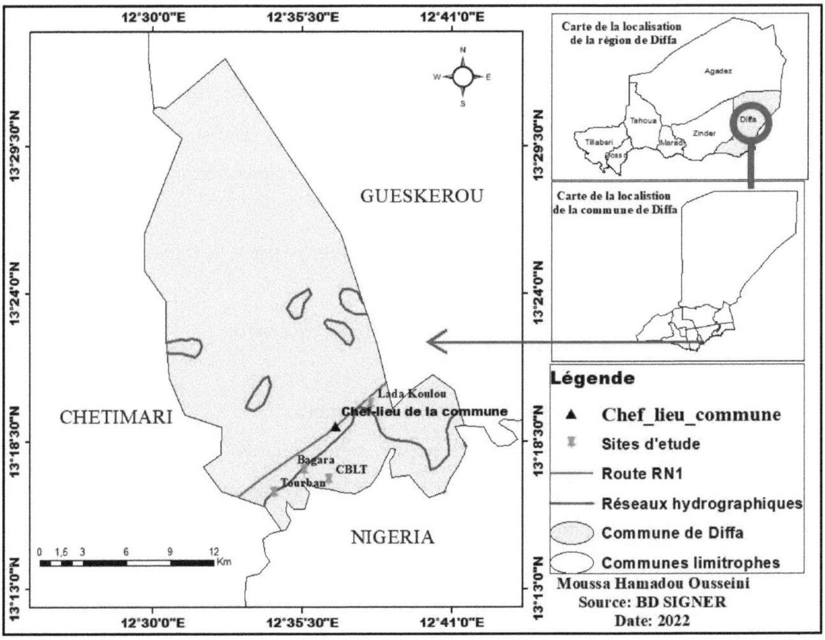

Figura 1 Mapa de localização da comuna urbana de Diffa

1.4 Cenário biofísico da zona de estudo

Esta secção apresenta as características biofísicas da área de estudo. Estas incluem o relevo, o clima, os solos, a flora e a fauna e a hidrografia.

1.4.1 Alívio

O relevo da região de Diffa é modelado e caracterizado por influências lacustres e aluviais a sul e eólicas a norte. É constituído pelas dunas de Tal, Manga e Kadzel e pelas bacias de Mandaran. Não há variações abruptas de topografia, exceto na periferia do maciço de Agadem. O relevo é constituído por planícies e planaltos, com altitudes que variam entre 275 m no lago Chade e 550 m no maciço de Agadem. Com exceção do ponto granítico de Djajiri, a oeste, e do maciço cretácico de Agadem, a norte, os afloramentos são exclusivamente depósitos quaternários franco-arenosos, alguns dos quais são PDR argilosos (2020).

1.4.2 Clima

A Comuna Urbana de Diffa tem um clima saheliano caracterizado por uma longa estação seca de outubro a junho, dividida em três (3) períodos:

A primeira, outubro-fevereiro, tem temperaturas baixas com mínimas absolutas entre 6° e 25°c, favoráveis às culturas de entressafra; a segunda, março-junho, tem temperaturas elevadas entre 33° e 46°c; e uma curta estação chuvosa, julho-setembro PDC, (2014).

A nível local, para além das estações oficialmente reconhecidas, foram identificadas quatro outras estações durante o ano na língua *Kanouri*:

- A colheita de *Biyila* tem lugar de setembro a outubro e serve de transição entre o inverno e a estação fria.
- A estação fria de *Binoum* decorre de novembro a fevereiro;
- A estação quente *Bé* de março a junho ;
- Época das chuvas em *Nanguiri*, de julho a setembro.

A estação das chuvas dura no máximo três meses, geralmente de julho a setembro, com uma precipitação média de 200 a 300 mm por ano PDC, (2014). É também frequentemente marcada por precipitações aleatórias, que estão na origem da seca e do avanço progressivo do deserto para sul.

Existem dois tipos de vento: o harmatão, cuja velocidade varia de 2 a 5 m/s a 10 m acima do solo, sopra de nordeste para sudoeste durante mais de 5 meses, de novembro a abril. A monção sopra de sudoeste para nordeste de junho a outubro. A velocidade média mensal do vento varia entre 1,3 m/s, observada em setembro, e 2,2 m/s, observada em julho. Para a população local, a mudança de direção do vento anuncia a chegada ou o fim da estação das chuvas, que determina o essencial das actividades agro-pastoris.

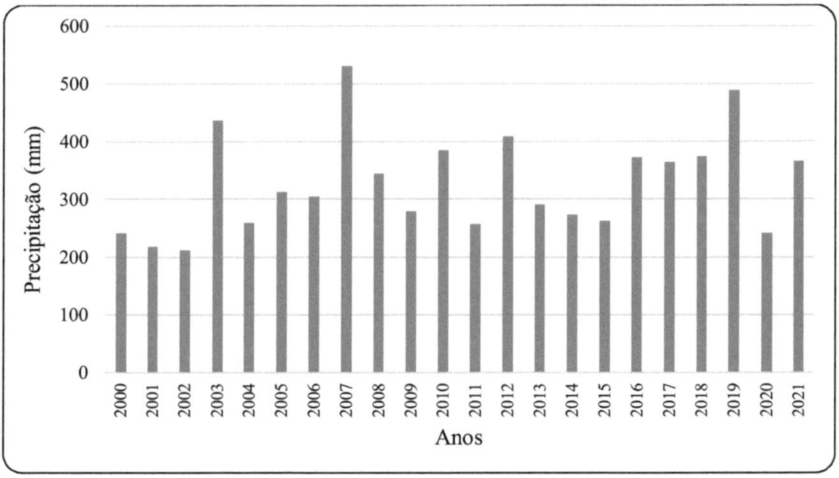

Figura 2 Tendências da precipitação na estação de Diffa (DRM/D, 2022)

Fonte: (DRM/D, 2022)

A figura 2 mostra a precipitação acumulada nos últimos 22 anos. Nos últimos 11 anos, a precipitação média foi de 336,23 mm, indicando uma tendência ascendente, com inundações em algumas partes da Comuna Urbana de Diffa.

1.4.3 Pavimentos

A natureza dos solos da região de Diffa depende das zonas agro-ecológicas. MHE/LCD, (2004).

Existem três tipos de solo na área de estudo:

- Solos com hidromorfia superficial parcial: São solos hidromórficos com pseudogley em associação com outros solos, nomeadamente solos castanho-avermelhados e vertissolos. São de fertilidade média, mas a sua textura é desfavorável à drenagem interna, a sua alcalinidade é elevada e contêm pouca matéria orgânica. Este facto limita a sua aptidão para o cultivo em grandes superfícies. Localizam-se ao longo do rio Komadougou e perto das suas margens; a sua utilização potencial é a agricultura de regadio;
- Solos areno-argilosos, a norte da RN1. Estes solos são complexos, castanhos e vermelhos, de fertilidade média e, geralmente, com baixo teor de matéria orgânica. As culturas dunares, como o painço, o sorgo e o feijão-frade, são aqui cultivadas;
- Solos franco-argilosos ao longo dos meandros e também à volta das lagoas. Estes solos são geralmente de boa qualidade, pois são constituídos por vários tipos de aluviões. As culturas de regadio de pimento, arroz, trigo, cevada, cebola e tomate são aqui cultivadas PDC, (2014).

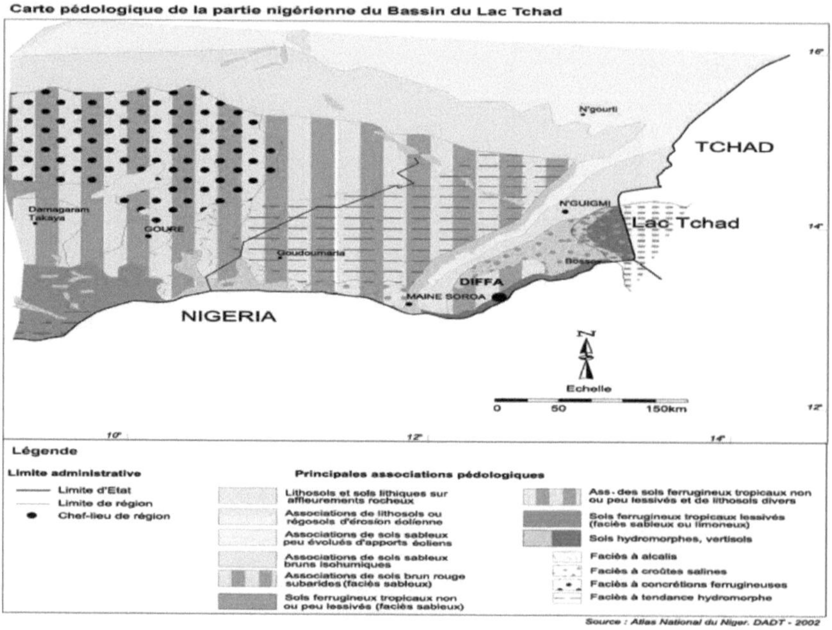

Figura 3 Soilologia da parte nigerina da bacia do lago Chade

Fonte: Atlas Nacional do Níger DADT-2002

1.4.4 Flora e fauna

Na Comuna Urbana de Diffa, a vegetação divide-se em duas zonas de povoamento, de norte a sul. A vegetação está dividida em duas categorias distintas, em função das condições edafoclimáticas:

- Na parte norte da cidade, o estrato arbóreo é dominado por plantações urbanas, nomeadamente *Azadirachta indica*, seguidas por povoamentos naturais de *Acacia radiana, Faidherbia albida, Bauhinia rufescens, Balanites aegyptiaca, Acacia senegalensis,* etc.
- A faixa meridional em torno do Komadougou Yobé, o cordão de charcos e as margens em solos hidromórficos areno-argilosos e silto-argilosos, é dominada por árvores de grande porte como *Tamaridus indica, Diospyros mespiliformis* e algumas espécies alcalinas como *Hyphaene thebaica* como estrato arbóreo. O estrato arbustivo está escassamente representado na área. As plantas herbáceas são maioritariamente espécies forrageiras aquáticas, responsáveis pela maior parte do pastoreio durante a estação seca.

- **Recursos da vida selvagem**

Foram identificadas duas zonas distintas de vida selvagem. Estas zonas baseiam-se na composição do solo e nos fenómenos climáticos. Elas incluem :

- A zona de Komadougou alberga macacos primatas e aves como grous coroados, garças, garças, patos, marrecos e várias pequenas aves e migrantes do hemisfério sul, do Mediterrâneo e da Europa, sobretudo durante a estação das chuvas;
- Zona a norte da RN1, onde se encontram répteis, roedores e inúmeros insectos, como borboletas, abelhas, etc. A fauna doméstica inclui bovinos, ovinos, caprinos, camelos e aves de capoeira DRESU/DD, (2018).

1.4.5 Recursos hídricos

A seguir a Niamey, Dosso e Tillabéry, a região de Diffa é a mais rica em águas de superfície. [3]De facto, uma média de 500 milhões de m de água passa pela estação de referência de Bagara, no Komadougou Yobé, a que se juntam as águas do lago Chade e numerosas cadeias de lagos COMISSÃO DESENVOLVIMENTO RURAL, (2006).

A rede hidrográfica da Comuna Urbana de Diffa é dominada pelo rio Komadougou Yobé e pelos seus meandros, que formam um complexo de charcos permanentes e semi-permanentes.

- Komadougou Yobé: é um curso de água semi-permanente que fornece a maior parte dos recursos hídricos de superfície ao Lago Chade na região de Diffa. Este rio nasce na Nigéria e desagua no Lago Chade. A área à volta do rio é caracterizada por meandros e solos hidromórficos favoráveis às culturas fora de época (ABDOU A et *al*., 2005). Além disso, na zona a jusante da bacia, onde o rio forma a fronteira entre o Níger e a Nigéria, desenvolveu-se uma quantidade significativa de hortas comerciais, nomeadamente de pimentos doces (HADIZA K, 2014). O seu caudal é temporário, começando com a estação das chuvas na primeira quinzena de julho, atingindo o seu pico em novembro ou dezembro e tornando-se nulo algumas semanas depois. O rio corre em média 7 meses por ano, com cheias graduais a partir de junho até ao pico do caudal por volta de novembro, seguidas de uma rápida recessão até secar por volta de fevereiro-março (MOUSSA I, 2014). O Komadougou transporta uma média de 500 milhões de m3 de água por ano, sendo um rio degressivo que perde grande parte da sua água por infiltração, espalhamento e evaporação, principalmente no seu curso do Níger (CRAT, 2018).

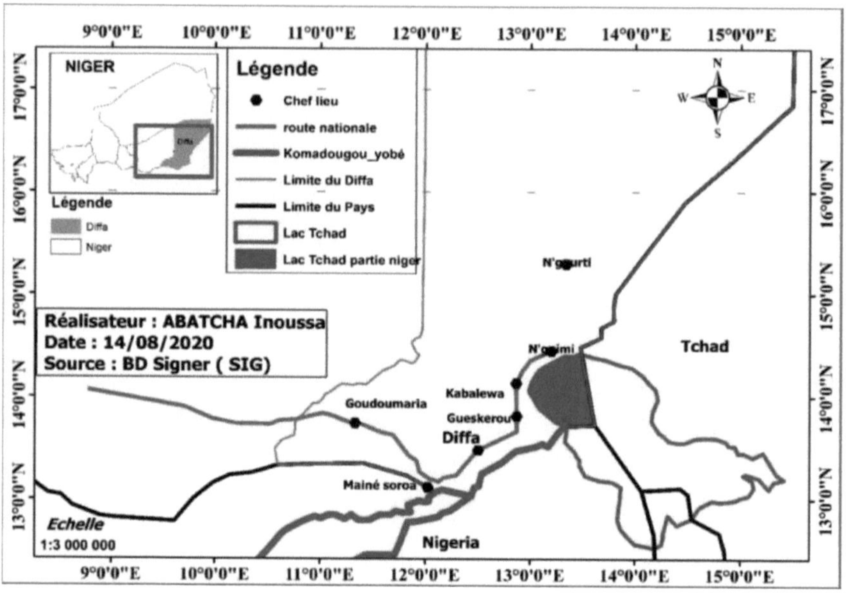

Figura 4 Localização de Komadougou Yobé

Fonte: Base de dados dos signatários (SIG, 2020)

➢ Lagoas: são sazonais e recolhem a água da chuva ou a água do Komadougou Yobé. Localizam-se principalmente perto do Komadougou, onde se encontram os antigos meandros. Podem ser classificados de acordo com o seu regime hídrico. Existem piscinas permanentes e piscinas semi-permanentes.

➢ Recursos hídricos subterrâneos

No município urbano de Diffa, as águas subterrâneas podem ser distinguidas em função dos aquíferos modelados por fenómenos geológicos. Para o efeito, foram identificados quatro aquíferos em termos de profundidade e de variação litológica: DRHA, (2018)

- **O aquífero Manga**, com 10 a 50 m de profundidade e 50 a 80 m de espessura. É o mais acessível para a construção de poços tradicionais, poços de aldeia, poços pastoris e alguns furos. O problema mais comum encontrado é a falta de melhoria das técnicas de captação, mais adaptadas à natureza do aquífero;
- **Aquífero pliocénico,** mais profundo que o primeiro, com 300 m em média e 8 a 85 m de espessura. É constituído por areias finas a grossas separadas por argilas. É a principal fonte de água potável da cidade de Diffa, pois é muito profundo e não está poluído;

- **Este aquífero profundo** é uma das fontes que nunca foi explorada devido à falta de meios técnicos e logísticos especificamente dedicados à sua natureza;
- **Aquífero freático aluvial do Komadougou Yobé ou aquífero superficial,** que se encontra próximo do leito maior do Komadougou. É recarregado pelas escorrências superficiais do Komadougou e constitui a principal fonte de água da manga.

1.5 Aspectos demográficos

Esta secção apresenta as características demográficas e as actividades socioeconómicas da Comuna Urbana de Diffa. Estas actividades incluem a agricultura, a pecuária, a pesca, o comércio e o artesanato. Estes cinco sectores de produção constituem as principais actividades socioeconómicas da população da Comuna Urbana de Diffa.

➢ **Características demográficas**

Em 2012, a região de Diffa albergava a população sedentária menos povoada do país, estimada em 939.988 habitantes, o que representava uma densidade de 5,9 habitantes/km2 em 2022. Esta população está distribuída de forma desigual. A comuna urbana de Diffa, composta por 6 bairros, representa 68,87% da população. O distrito mais populoso é Sabon-carré, seguido de Diffa-Koura, Festival, Diffa-administratif e Château. O distrito menos povoado é Diffa-Afounori. As 21 aldeias que consideramos como a parte rural representam cerca de 31,13% da população. Mas, ao contrário da zona urbana, as mulheres ultrapassam aqui os homens, com 50,48% e 49,52% respetivamente PDC, (2014). Com uma taxa de crescimento populacional de 4,7% e uma taxa de fertilidade total de 6,4 filhos por mulher DR-INS Diffa, (2018). A população é relativamente jovem, em linha com a do país no seu conjunto, com 51,2% com menos de 15 anos DR-INS Diffa, (2018). Os maiores grupos etários são 0-6, 7-12 e 13-18. Em conjunto, estes três grupos etários representam 51,2% da população total. O grupo etário mais pequeno é o dos 49-55 anos, com 3% do total.

Tabela 2A lguns indicadores demográficos

Indicadores demográficos	**Diffa**	**Níger**
População com menos de 15 anos (%)	51,2	52,1
População com 65 anos ou mais (%)	3	2,6
Taxa de urbanização (%)	14,8	19,8
Taxa de crescimento da população (%)	4,7	3,9
Densidade (habitantes / km2)	4,4	11,3

Taxa de fertilidade total (EDSN-MICS 2021)	6,4	7,4
Taxa de mortalidade infantil (‰)	18	51
Taxa de mortalidade infantil (‰)	41	127

Fonte: Base de dados (NSI, 2018).

1.6 Aspectos socioeconómicos

Estas cinco áreas de produção constituem as principais actividades socioeconómicas da população da Comuna Urbana de Diffa. São elas a agricultura, a pecuária, a pesca, o comércio e o artesanato.

1.6.1 Agricultura

A agricultura é uma das principais actividades socioeconómicas da população de Diffa. Esta atividade assume principalmente a forma de culturas de rendimento ou de culturas alimentares. Existem dois sistemas de cultivo: o de sequeiro e o de regadio.

- **Culturas de sequeiro,**

O sistema de sequeiro caracteriza-se por uma produção agrícola baseada em cereais associados a leguminosas. A produção é instável, em parte devido aos caprichos do clima, mas também devido às flutuações da superfície cultivada e às pragas das culturas.

As principais culturas são o painço, muito difundido na orla sudeste da região; para além do painço, o sorgo e o milho são cultivados nas terras baixas e nos vales de Komadougou e do Lago Chade; o feijão-frade, o amendoim, o gergelim e a azeda são cultivados em solos de dunas.

Tabela 3 Evolução da produção das principais culturas de sequeiro de 2015 a 2021 no departamento de Diffa.

Culturas	2015	2016	2017	2018	2019	2020	2021
Mil	20681	20681	14548	15491	8502	9457	7808
Sorgo	3701	3701	3021	3975	1854	2360	2601
Feijão-frade	9429	9429	5279	5743	3939	4700	5858
Amendoim	2354	2400	1018	1608	1145	900	1433
Total	36165	36165	23866	26817	15440	17417	17700

Fonte: (DRA DIFFA, 2022)

De um modo geral, de 2015 a 2016 registou-se um aumento da produção, nomeadamente de painço, sorgo e feijão-frade. A produção de amendoim, por outro lado, manteve-se praticamente constante de 2017 a 2019. No entanto, a produção de painço e amendoim diminuiu devido à precipitação e a uma redução significativa da área cultivada. A produção das principais culturas de sequeiro registou flutuações positivas e negativas.

- **Culturas de regadio.**

O sistema de regadio baseia-se no enorme potencial da região para as culturas de regadio e de recessão das inundações. Assim, foram introduzidas culturas de regadio para compensar as carências durante o inverno. As principais culturas são o pimento, o arroz, a cebola, a couve e a batata. A região tem um potencial irrigável de cerca de 183 000 ha em três subzonas:

- **A zona das "cuvetes"** cobre uma superfície de cerca de 8.000 ha e acolhe uma variedade de culturas como a mandioca, o trigo, a batata-doce e a cana-de-açúcar, bem como árvores de fruto como o limão, a papaia, a goiaba, a manga e, sobretudo, as tamareiras;
- **A zona de Komadougou,** com cerca de 75.000 ha, caracteriza-se pelo desenvolvimento de culturas de arroz, pimento, cebola, trigo e diversas culturas hortícolas;
- **A zona lacustre**, que cobre cerca de 100 000 ha, é onde se cultiva o milho e o sorgo.

CRAT, (2018).

Principal cultura de regadio, a produção de pimento abrange cerca de 4.000 a 7.000 ha por ano, com uma produção de cerca de 11.000 toneladas e um rendimento bruto global de 6 a 10 mil milhões de francos CFA. De acordo com o CRA de Diffa, em 2014, a produção foi estimada em 11 143 toneladas de pimentos frescos, ou 655 460 sacos de pimentos secos, para um rendimento total de 19 663 800 000 francos CFA. No entanto, este sector foi recentemente ameaçado por riscos climáticos, ataques de pragas e a ameaça de ataques do grupo terrorista *Boko Haram* CRA, (2020).

Tabela 4 Superfícies, rendimentos e produção das principais culturas de regadio de 2020 a 2021 no departamento de Diffa

Especulação	Área em hectares		Rendimento em Kg/hectare		Produção em toneladas	
	2020	2021	2020	2021	2020	2021
Pimentos	2866,60	2885,75	14,11	23,20	40459,16	66949,40
Arroz	1247,00	1375,60	1,750	5,75	2182,25	7909,70
Cebola	358,46	395,60	1,95	27,85	697,92	1107,46
Couve	283,16	352,60	23,76	24,56	6727,88	8659,86

Fonte: (DRA DIFFA, 2022)

1.6.2 Reprodução

A criação de gado é a atividade económica dominante na região de Diffa, com um efetivo muito diversificado. Emprega 95% da população e contribui anualmente com 55% para o produto interno bruto da região. No entanto, esta atividade enfrenta vários constrangimentos biofísicos e antropogénicos (ABDOULKADRI L, 2014). A criação de gado é praticada por nómadas, mas também por sedentários que também praticam a agricultura. A região dispõe de um efetivo bastante importante de bovinos, ovinos, caprinos, camelos, cavalos e burros. Na Comuna Urbana de Diffa, são praticados dois tipos de pecuária: a pecuária sedentária caracteriza-se pela deslocação do gado da cidade de Diffa para as zonas de pastagem ao longo do Komadougou Yobé, bem como para os diferentes pontos de abeberamento e centros de tratamento veterinário acessíveis. Representam 64% do efetivo pecuário do departamento de Diffa. O pastoreio nómada é praticado pelos pastores nómadas Fulani ao longo do Komadougou Yobé durante a estação das chuvas e, em menor escala, nos campos de sequeiro durante a estação seca. Por sua vez, representa 16,4% do efetivo pecuário do departamento de Diffa. A transumância efectua-se através de um movimento pastoral sul-norte, com zonas de concentração de gado no norte durante a estação das chuvas e movimentos para o sul em busca de água e pasto durante a estação seca MINISTERE DE L'EQUIPEMENT, (2020).

Tabela 5 Evolução do efetivo pecuário no departamento de Diffa de 2015 a 2021

Anos	Gado	Ovinos	Cabras	Camelos	Equídeos	Asins	Total
2015	186 351	142 475	236 346	21 563	10 224	45 004	641 963
2016	197 532	147 461	245 800	21 844	10 326	45 904	668 867
2017	209 384	152 623	255 632	22 128	10 430	46 822	697 017
2018	221 947	157 964	265 857	22 415	10 534	47 758	726 476
2019	235 263	163 493	276 492	22 707	10 639	48 713	757 308
2020	339 599	169 022	287 127	22 999	10 744	49 668	879 159
2021	421 975	174 551	297 762	23 291	10 849	50 623	979 051

Fonte: (DRE Diffa, 2022)

1.6.3 Pesca

A pesca é uma atividade importante na região de Diffa e depende exclusivamente dos recursos naturais. A produção de peixe na região de Diffa provém principalmente do Lago Chade e do rio Komadougou Yobé CRA (2010). As espécies de peixes que habitam as águas da região de Diffa são o *Tilipiasp*, o *Clarias griepinus* e *o Heterotis niloticus*. A produção de peixe na região de Diffa representa mais de 70% da produção nacional. Contribui significativamente para o crescimento do PIB. As capturas de peixe variam entre 6.000 e 20.000 toneladas de equivalente de peixe fresco, consoante a extensão do lago no território nacional. A pesca é efectuada por cerca de 10.000 pescadores profissionais e alguns agro-pescadores que utilizam palangres, redes de emalhar, marretas, falcões, palanques e a "*Góra*" ou canoa escavada. O lago Chade, o Yobé de Komadougou e os seus sistemas de charcos constituem a maior parte do potencial de pesca da região de Diffa CRAT, (2018). Deve também notar-se que a atual insegurança ligada à crise de segurança *do Boko Haram* reorganizou os territórios de pesca e a indústria da pesca. As dinâmicas actuais da pesca e da indústria da pesca na região de Diffa são o resultado desta história recente (HADIZA K, 2019).

1.6.4 Comércio

O comércio está organizado em torno do mercado central, do mercado do peixe, do mercado da pimenta, do mercado do gado, do matadouro moderno, de uma estação de autocarros e do centro da cidade. Estes mercados vendem produtos como o pimento, o gado, o peixe e alguns produtos manufacturados exportados da Nigéria. O comércio externo é efectuado principalmente com a Nigéria e envolve gado, pimentos, couros e peles, natrão e produtos de trânsito como o arroz, o chá, o açúcar, o petróleo e os cigarros. O comércio com a Nigéria é pouco desenvolvido e informal. O encerramento da fronteira com a Nigéria, com o advento da insegurança, abrandou consideravelmente o comércio PDC, (2014).

1.6.5 Artesanato

A região de Diffa conta com um grande número de artesãos, estimados em 1.145, agrupados em vários ofícios, a maioria dos quais vive em zonas rurais CRAT, (2018). Atualmente, as actividades artesanais concentram-se principalmente nos grandes centros de Diffa, Mainé e N'guigmi e são praticadas de forma tradicional. As actividades artesanais da região incluem Ferraria, cestaria, sapataria, marroquinaria, olaria, talho, costura e carpintaria. É de notar que o artesanato é consumido principalmente a nível local, uma vez que as vendas através de mercados externos, como a vizinha Nigéria e o circuito turístico, não estão muito bem exploradas.

Conclusão parcial

Este capítulo fornece uma panorâmica geográfica da área de estudo e apresenta as suas principais características biofísicas. São também apresentadas as características demográficas e socioeconómicas da área.

No final deste capítulo, os trunfos, as potencialidades e os obstáculos da zona de estudo fazem dela um local potencialmente rico e favorável para as culturas de regadio.

CAPÍTULO III: PANORÂMICA DOS SISTEMAS DE PRODUÇÃO DE PIMENTOS

Introdução

Este capítulo localiza a zona de produção do pimento. Em seguida, apresenta-se uma breve história da cultura do pimento na região de Diffa. Por último, são apresentadas as características gerais dos produtores de pimento e dos sistemas de produção. Estas incluem a idade dos produtores, o seu nível de educação, o seu acesso à terra e a tipologia dos produtores de acordo com a área cultivada e as práticas de cultivo.

1.7 Localização geográfica da zona de produção do pimento

Na região de Diffa, a produção de pimento está praticamente concentrada ao longo do rio Komadougou Yobé (Figura 5). Mais precisamente, esta zona de produção situa-se numa faixa com cerca de 150 km de comprimento e 5 km de largura entre Bosso e Kanama, onde constitui a principal cultura de rendimento e ocupa 60 a 65% das terras irrigadas (PIERRE-FRANÇOIS P e SALIFOU K, 2005). No total, a região tem cerca de 265 000 ha de terras exploráveis, dos quais 182 000 ha no leito do lago Chade, 75 000 ha ao longo do rio Komadougou Yobé e 8 000 ha nas bacias dos oásis do Maine Soroa PDR (2020).

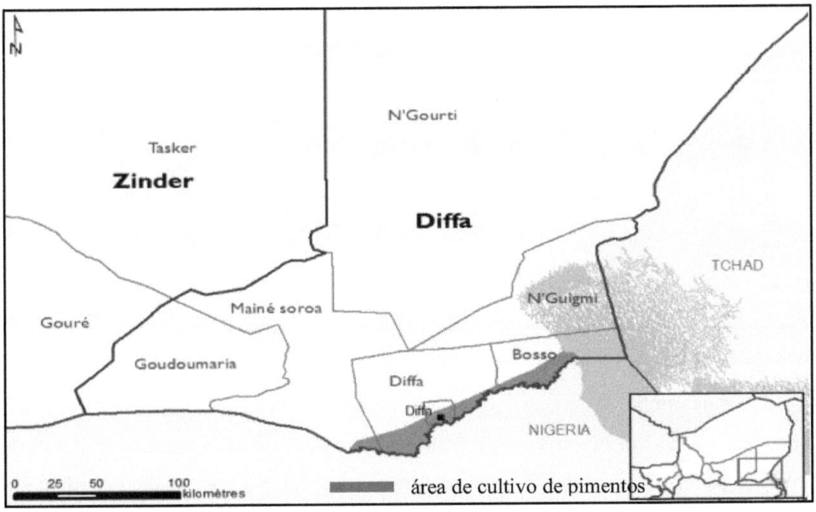

Figura 5 Localização da zona de produção de pimento de Diffa

Fonte : FEWS NET

1.8 História

A cultura irrigada do pimento como cultura de rendimento foi introduzida por volta dos anos 50 no departamento de Diffa, mas só arrancou nos anos 80, na sequência de secas repetidas e de aumentos de preços, que fizeram desta especulação uma das fontes de rendimento das famílias rurais de Manga (KORE e HAMIT, 1991 citados por OUSMAN Y, 2014). De facto, a disseminação de pequenas motobombas adaptadas à agricultura individual levou a um aumento considerável da produção e, na década de 2000, desta faixa de 150 km de comprimento por 5 km de largura, foram exportadas anualmente cerca de 10.000 toneladas de pimenta seca, representando um ganho de 7 a 8 mil milhões de francos CFA (7 a 12 M€) beneficiando uma população agrícola estimada em mais de 30.000 pessoas (PIERRE-FRANÇOIS P e SALIFOU K, 2005 citado por LE COZ M, 2010).

1.9 Caracterização dos produtores

Esta secção apresenta as características dos produtores inquiridos na área de estudo. Estas incluem a idade, o nível de educação, o acesso à terra e a tipologia dos produtores de pimento.

1.9.1 Idade dos produtores

Na zona de estudo, a idade dos produtores de pimento varia entre 19 e 71 anos Figura 6.

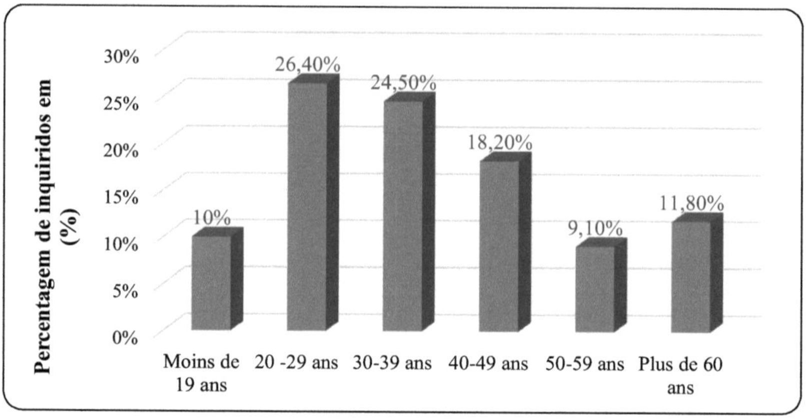

Figura 6 Repartição dos inquiridos por grupo etário

Fonte: dados de campo, 2022

A figura 6 mostra as faixas etárias dos produtores de pimento. Estas variam entre menos de 19 e mais de 60 anos de idade. A análise mostra que 50,9% dos produtores têm idades compreendidas entre os 20 e os 39 anos, e apenas 10% têm menos de 19 anos. Isto mostra que os produtores da zona de estudo são jovens. No entanto, os produtores mais velhos representam apenas 11,80%.

1.9.2 Nível de educação dos produtores

De acordo com os inquéritos quantitativos, os agricultores têm um nível de educação muito baixo Figura 7. Este baixo nível de educação tem um impacto no desempenho das explorações.

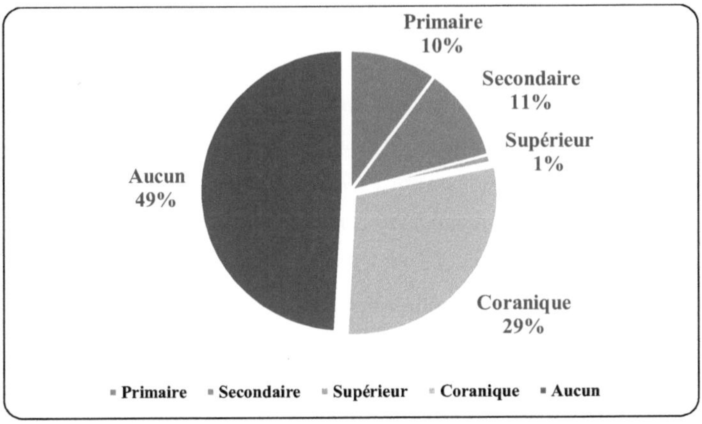

Figura 7 Distribuição dos inquiridos por nível de ensino

Fonte: dados de campo, 2022

A análise da figura 7 revela que 49% dos agricultores da área de estudo são analfabetos, ou seja, não sabem ler nem escrever e não têm educação formal. Outros 29% frequentaram a escola corânica. Por outro lado, 11% tinham o ensino secundário, 10% tinham frequentado o ensino primário e apenas 1% tinha o ensino superior.

1.9.3 Modo de acesso ao solo

De acordo com os inquéritos quantitativos, existem quatro métodos de aquisição de terras na área de estudo. Estes são a herança, o aluguer, a compra e o empréstimo. A extensão deste último varia Figura 8.

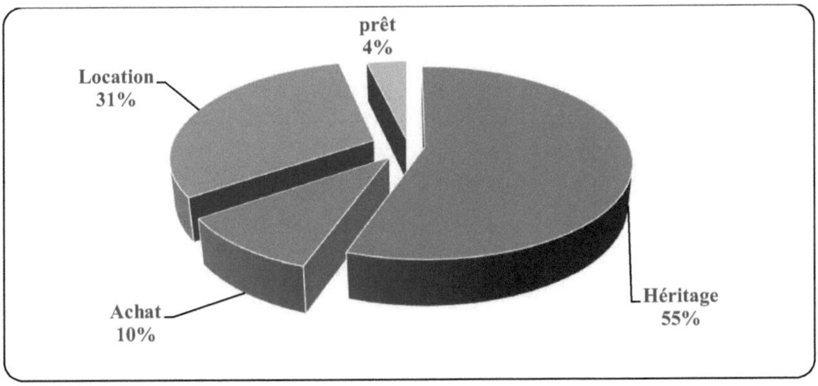

Figura 8 Como os agricultores adquirem terras

Fonte: dados de campo, 2022

A análise da Figura 8 mostra que a herança é a principal forma de acesso às terras agrícolas, representando 55% dos inquiridos. A segunda forma mais comum de acesso é o arrendamento, que é a segunda forma mais comum de aquisição de terras. Os que arrendam terras representam 31% da amostra inquirida. O terceiro modo de aquisição de terras é a compra. Os agricultores que compraram as suas terras representam 10% dos inquiridos. E os empréstimos, que dizem respeito aos produtores não proprietários que desenvolvem explorações emprestadas, representam apenas 4% da amostra.

1.9.4 Tipologia dos produtores em função da zona

Os produtores de pimento foram classificados de acordo com a superfície cultivada. Foram identificadas três categorias de produtores: pequenos produtores, médios produtores e grandes produtores. A figura 9 mostra que

- Os produtores com uma superfície agrícola inferior a 0,99 ha são classificados como pequenos produtores;
- E aqueles cujas explorações têm entre 1-1,99 ha são designados por médios produtores;
- Por último, os grandes produtores são aqueles que têm uma superfície superior a 2 ha.

A figura 9 mostra a situação dos produtores de acordo com a área cultivada na zona de estudo. A análise mostra que 44% dos agricultores são pequenos produtores, 47% são médios produtores e apenas 9% são grandes produtores.

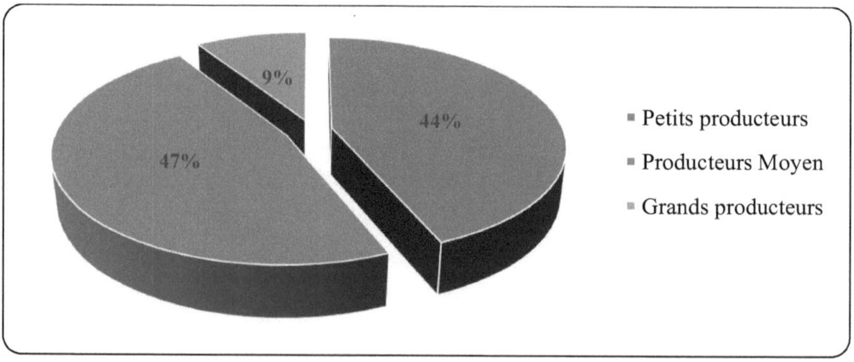

Figura 9 Distribuição dos agricultores entre as 3 categorias definidas pela superfície cultivada

Fonte: dados de campo, 2022

1.10 Práticas de cultivo

As práticas de cultivo dividem-se em sete etapas. Esta secção apresenta sucessivamente o sistema de cultivo, os trabalhos de preparação das parcelas e de transplantação, bem como o sistema de irrigação. Seguem-se as variedades de pimento, as sementes, o calendário de cultivo, a utilização de factores de produção e pesticidas e, por último, a secagem e a conservação do pimento.

1.10.1 Viveiro

O viveiro é utilizado para criar as plantas que serão transplantadas posteriormente. A instalação de viveiros é a primeira operação de cultivo efectuada pelos produtores de pimento. O viveiro é constituído por um espaço bem delimitado e vedado, onde são semeadas e tratadas as plantas de pimento. Cada produtor tem o seu próprio viveiro em casa ou no campo (foto 1). Em geral, o produtor instala o viveiro em maio-junho, antes das primeiras chuvas. O viveiro é regado duas vezes por semana.

Fotografia 1 Viveiro de pimentos

Fonte: dados de campo, 2022

1.10.2 Preparação das parcelas e transplantação

A preparação das parcelas começa em julho e prolonga-se até agosto. É efectuada manualmente pelos agricultores ou com a ajuda de tração animal. O trabalho é efectuado com ferramentas rudimentares, como enxadas e dabas. Quando o solo é demasiado argiloso, adiciona-se areia às parcelas para reduzir o teor de argila. De seguida, as parcelas são adubadas com estrume orgânico. O trabalho de preparação das parcelas é efectuado aquando da chegada do

Komadougou Yobé. Uma vez terminado este trabalho inicial, os agricultores começam a transplantação.

- Lavoura

A lavoura faz parte da preparação das parcelas. É efectuada com equipamentos arcaicos, como a enxada ou a daba para alguns agricultores, e o arado para os agricultores mais ricos.

1.10.3 Transplantação

A transplantação consiste em retirar pequenas plantas de um viveiro e transplantá-las para a parcela de produção. A transplantação dos pimentos é efectuada manualmente. Esta operação começa em julho e pode prolongar-se até ao fim de agosto ou mesmo mais. Tudo depende do abastecimento de água do rio Komadougou e da chuva.

1.10.4 Monda

A monda é uma tarefa que se realiza após a transplantação e que consiste em eliminar as ervas daninhas que impedem o desenvolvimento da planta. A frequência da monda para a produção de pimentos é de 3 a 4 vezes por estação, ou mesmo mais, se necessário.

1.10.5 Sistema de irrigação

De acordo com as entrevistas, a água não constitui um problema para os produtores. O rio Komadougou é a principal fonte de água para as plantas nos locais de produção. As parcelas de pimento são irrigadas a partir do leito do rio ou de remansos e lagos alimentados pelo Komadougou. A maior parte da produção é efectuada por produtores que exploram parcelas individuais utilizando pequenas motobombas importadas da Nigéria.

➢ **Bombas de água**

As bombas motorizadas são utilizadas para bombear a água dos furos ou dos pontos de água (foto 2). São utilizadas pelos agricultores cujos campos estão situados a muitos quilómetros do rio Komadougou. As motobombas alimentam uma mini-rede de distribuição através de um sistema de canais de terra por gravidade.

Fotografia 2 Bomba motorizada para irrigação a partir de um ponto de água

Fonte: dados de campo, 2022

- **Perfuração**

Com base nos inquéritos qualitativos, a perfuração manual é um sistema que dá aos agricultores acesso à água de irrigação a baixo custo. A perfuração manual é efectuada com brocas manuais e tubos em solos não consolidados até 12 metros de profundidade (Foto 3). A água é geralmente distribuída pela forja através de uma rede de canais de terra, sulcados de forma grosseira para levar a quantidade necessária de água às parcelas.

Fotografia 3P oço de irrigação para pimentos

Fonte: dados de campo, 2022

- **Sistemas de gravidade**

Os produtores utilizam o sistema de irrigação por gravidade porque os seus campos estão diretamente adjacentes ao rio Komadougou. A proximidade do rio Komadougou faz com que os produtores utilizem o sistema de gravidade para irrigar as suas parcelas de pimento. No sistema de rega por gravidade, a água é distribuída através de uma rede de canais de terra, sob a forma de sulcos, que utilizam a gravidade para levar a quantidade de água necessária às parcelas (foto 4).

Fotografia 4 Irrigação de pimentos por gravidade

Fonte: dados de campo, 2022

1.10.6 Variedades de pimentos

Com base em observações directas nos sítios, as duas cultivares locais existentes parecem estar bem adaptadas ao ambiente. Os seus nomes em Kanouri ilustram a forma, que se traduz por "chifre de ovelha" para a cultivar encontrada principalmente no oeste, e "estrume de burro" para a cultivar mais comummente cultivada no leste. CRA, (2010). Os produtores utilizam as duas variedades locais na Commune Urbaine de Diffa, *Kangadi N'Glaro* corne de mouton foto 5 A e *Mouri Koro* crottin d'âne foto 5 B, das quais mais de 90% dos inquiridos produzem *Kangadi N'Glaro*, segundo os inquéritos quantitativos.

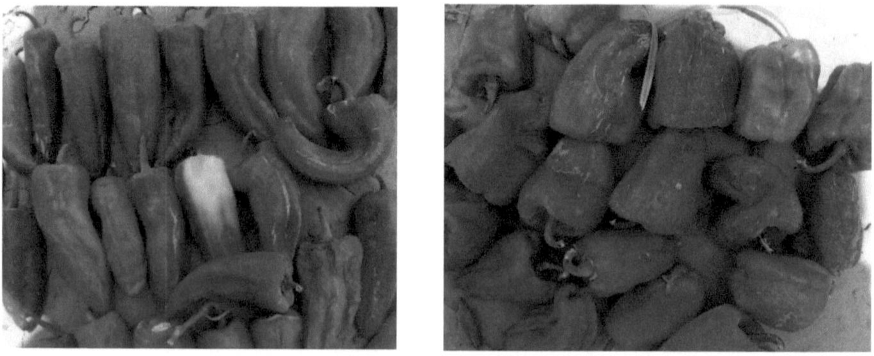

Fotografia 5 Foto **A** *Kangadi N'Glaro* (chifre de ovelha) Foto **B** *Mouri Koro* (estrume de burro)

Fonte: dados de campo, 2022

1.10.7 Semente

Em todos os locais de estudo, as sementes não constituem um problema para os produtores de pimento. Os agricultores produzem as suas próprias sementes. As sementes utilizadas pelos produtores são maioritariamente das variedades locais "crottin de l'âne" e "corne de mouton". Estas sementes provêm da produção das estações anteriores. Os produtores conservam as suas sementes para as poderem utilizar durante vários anos. De acordo com os inquéritos quantitativos, 96,36% dos inquiridos utilizam sementes locais guardadas pelos produtores. Apenas 3,64% dos produtores utilizam sementes compradas no mercado.

1.10.8 Calendário de cultivo

O quadro 6 resume as diferentes fases do calendário de cultivo do pimento na Comuna Urbana de Diffa. A preparação do campo começa no início de julho, coincidindo com a chegada do rio Komadougou e o início da estação das chuvas. Os períodos de colheita são, respetivamente, dezembro-janeiro-fevereiro e março. O calendário de cultivo do pimento estende-se por quase todo o ano, devido ao seu ciclo vegetativo relativamente longo. No entanto, é difícil estabelecer um calendário de culturas para o pimento, devido à evolução da estação das chuvas e à chegada do rio Komadougou nos últimos anos.

Tabela 6 Calendário de culturas

Activités	Mai	Juin	juil.	Août	Sept	Oct.	Nov.	Déc.	Janv.	Fév.	Mar	Avril
Pépinière												
Préparation des parcelles												
Repiquage												
Irrigation												
Sarclages												
Pesticides												
Récoltes												

Fonte: dados de campo, 2022

1.10.9 Utilização dos factores de produção

De acordo com os resultados, os fertilizantes são muito utilizados pelos agricultores. Os resultados dos inquéritos da figura 10 mostram que mais de 68% da amostra utiliza adubos minerais fornecidos nos mercados locais, nomeadamente no mercado de pimenta de Diffa e no mercado central de Diffa. Outros 23% da amostra utilizam simultaneamente adubos minerais e orgânicos. E apenas uns escassos 9% dos produtores utilizam estrume animal. O estrume animal contribui igualmente para a manutenção da fertilidade natural do solo.

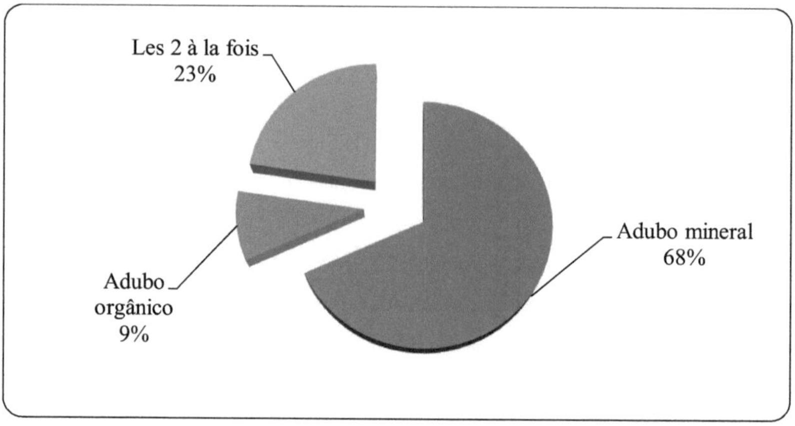

Figura 10 Utilização de factores de produção agrícola

Fonte: dados de campo, 2022

1.10.10 Pesticida

Os pesticidas são substâncias químicas utilizadas para combater os organismos nocivos e as pragas. Estas substâncias são capazes de matar ou repelir as pragas e os insectos. Estes produtos existem numa grande variedade de tamanhos e formas (Foto 6).

Trata-se de substâncias capazes de matar ou repelir pragas, insectos, ácaros e nemátodos. A utilização de pesticidas é crucial para a produção de pimentos, pois determina o rendimento. A maior parte dos produtos fitofarmacêuticos utilizados provém da Nigéria e 100% dos inquiridos afirmaram ter utilizado pesticidas. Os produtores compram os seus produtos nos mercados locais, nomeadamente no balcão da pimenta de Diffa e no mercado central de Diffa, a revendedores.

Fotografia 6A lgumas amostras de pesticidas utilizados no tratamento.

Fonte: dados de campo, 2022

Tabela 7 Pesticidas fornecidos pelo Estado e pesticidas vendidos no mercado CUD

Pesticides fournis par l'Etat		Pesticides en vente sur le marché de la CUD		
Nom commercial	**Matière active**	**Nom Commercial**	**Matière active**	**Autorisé/Non**
Pyrical 480	**Chlorpyriphos Ethyl**	**Assial**	....	**Non autorisé**
Pyrical 240	**Chlorpyriphos Ethyl**	**Farin**	....	**Non autorisé**
Zalang	**Lamda-cyalothrine**	**Megaban**	....	**Non autorisé**
Fénical	**Fenitrothion**	**Dursban**	....	**Non autorisé**
Deltacal	**Deltamethrine**	**Lara force**	**Lamda-cyalothrine**	**Non autorisé**
Pacha	**Lamdacyhalothine + Acétamipride**	**Marshal**	....	**Non autorisé**
Capt 88	**Acétamipride + Cypermethrine**	**Lambdashi**	**Lamda-cyalothrine**	**Non autorisé**
Conquest	**Acétamipride + Cypermethrine**	**Lymo**	**Lamda-cyalothrine**	**Non autorisé**
Source: SRPV[10]/Diffa		**Sunhalothrin**	....	**Non autorisé**
		Perfect Killer	**Chlorpyriphos**	**Non autorisé**
		Rocket	....	**Non autorisé**
		Source: donnée terrain		

Fonte: dados de campo, 2022

No âmbito da sua política de apoio aos produtores, o governo do Níger compra produtos homologados. De facto, estes produtos são utilizados pelos serviços fitossanitários para os tratamentos por avião ou camião, assim como pelos brigadistas fitossanitários (quadro 7). A maioria dos pesticidas no mercado não está registada. No entanto, alguns pesticidas, como o Lara force, o Lambdashi, o Lymo e o Perfect Killer, contêm um ingrediente ativo registado e não são autorizados pelo governo, mas são amplamente utilizados pelos agricultores.

[10] Serviços Regionais de Proteção das Plantas (SRPV).

1.10.11 Secagem e conservação de pimentos

De acordo com os entrevistados, os frutos maduros são colhidos à mão e colocados numa área aberta. Em seguida, os frutos são estendidos numa área de secagem, virados à mão ou com os pés para ficarem expostos ao sol e secos no chão, ao sol ou à sombra, durante 15 a 25 dias, pelos produtores. A secagem é efectuada ao sol, no limite da parcela Foto 7 B. Para o armazenamento, os pimentos são embalados em sacos de juta cobertos de plástico Foto 7 A para preservar a sua qualidade e evitar o ataque de térmitas. Os sacos são empilhados na loja. O pimento pode ser armazenado durante vários anos sem perder a sua qualidade. O saco pesa cerca de 17 kg CRA, (2016). Os pimentos são fáceis de secar e de armazenar. Se forem secos corretamente, podem ser armazenados durante vários anos sem perda significativa. Além disso, o armazenamento do pimento não levanta problemas. Quando secos, não são atacados por insectos.

Fotografia 7 Foto A: Armazenamento do pimento Foto B: Secagem do pimento

Fonte: dados de campo, 2022

Conclusão parcial

Em suma, as características dos produtores de pimento revelaram que a maioria são adultos. O sistema de cultivo do pimento na Commune Urbaine de Diffa é ainda tradicional, com utilização de sementes locais e equipamento agrícola rudimentar. As parcelas de pimento são irrigadas a partir do leito do rio ou de remansos e charcos alimentados pelo Komadougou. No entanto, o sistema de drenagem melhorou consideravelmente com a introdução de motobombas e, posteriormente, de furos.

CAPÍTULO IV : O IMPACTO DA CRISE DE SEGURANÇA E DAS INUNDAÇÕES NA PRODUÇÃO DE PIMENTOS E NAS ESTRATÉGIAS LOCAIS DE ADAPTAÇÃO

Introdução

O objetivo deste capítulo é analisar o impacto que o conflito causado pelo *Boko Haram* e as operações militares para o combater tiveram na produção de pimento, bem como os efeitos das inundações recorrentes e as estratégias locais de sobrevivência utilizadas pelos produtores na área de estudo.

1.11 Análise da crise de segurança *do Boko Haram* na produção de pimento

A crise de segurança provocada pelo *Boko Haram* teve vários efeitos negativos na população, nomeadamente nos seus meios de subsistência. Com a entrada do *Boko Haram* no Níger, a situação de segurança alterou-se radicalmente para os produtores da região de Diffa, nomeadamente no vale de Komadougou. Os produtores de pimenta foram gravemente afectados pela crise de segurança.

1.11.1 Situação dos produtores

De acordo com o inquérito no terreno, os dados mostram que uma proporção significativa de produtores cessou as suas actividades devido à crise de segurança. Trata-se de produtores afectados pela crise de segurança, de agricultores afectados pelas inundações e de produtores que continuaram a produzir (Figura 11).

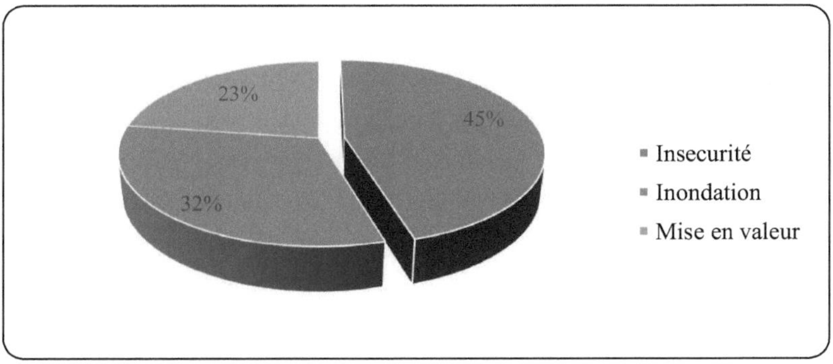

Figura 11 Situação dos produtores na zona de estudo

Fonte: Dados de campo, 2022

A figura 11 mostra a situação dos agricultores na zona de estudo. A análise da figura mostra que 45% dos agricultores inquiridos deixaram de cultivar pimentos em consequência da crise de segurança *do Boko Haram*, em comparação com 23% que continuam a cultivar as suas terras apesar da complicada situação de segurança. Os agricultores inquiridos referiram que enfrentam riscos de segurança diariamente. Além disso, 32% dos inquiridos abandonaram a produção desde 2019 devido às inundações recorrentes que têm ocorrido todos os anos desde então.

1.11.2 Impacto da crise *do Boko Haram* nas áreas cultivadas

A crise de segurança *do Boko Haram* levou a uma redução significativa da área cultivada com pimento na zona de estudo. A ameaça do Boko Haram teve um impacto considerável na área cultivada com pimenta (Figura 12).

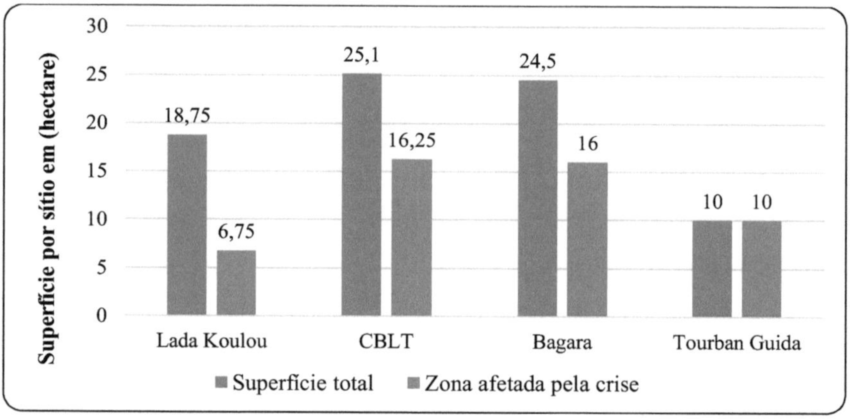

Figura 12Área afetada pela crise de segurança

Fonte: dados de campo, 2022

Face a esta situação de insegurança, a figura 12 mostra que 49,6 hectares, ou seja, 46,29% da superfície total, foram abandonados pelos seus proprietários. De acordo com as entrevistas efectuadas, vários agricultores foram vítimas de represálias por parte dos combatentes *do Boko Haram*. Além disso, os ataques recorrentes do grupo terrorista a posições militares levaram alguns agricultores a abandonar as suas terras de produção. Além disso, as actividades da seita islâmica sobre os produtores, como a cobrança de impostos, obrigaram alguns produtores a cessar as suas actividades.

1.11.3 Impacto da crise *do Boko Haram* na produção de pimento

Na zona de estudo, a crise de segurança reduziu consideravelmente a produção de pimento (figura 13). De facto, a unidade de medida mais utilizada pelos produtores para quantificar a produção de pimento é o saco, que corresponde a 17 kg de pimento seco.

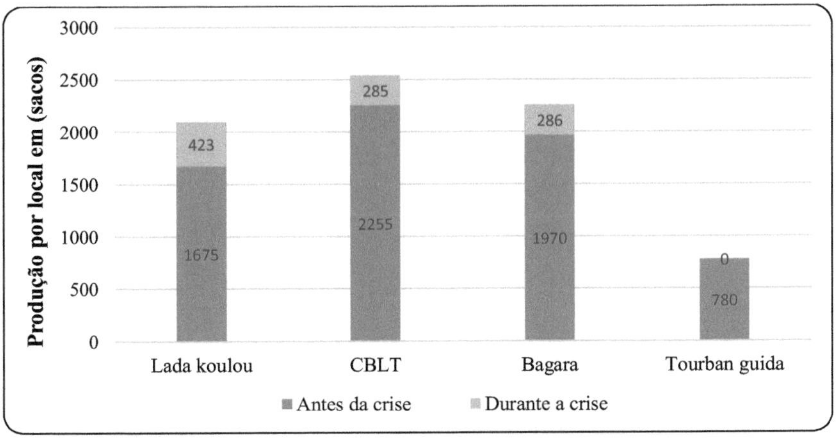

Figura 13P rodução por local antes e durante a crise de segurança

Fonte: dados de campo, 2022

A figura 13 mostra que a produção acumulada dos locais de estudo antes da crise de segurança era de 6680 sacos de pimentos secos. Esta quantidade varia entre o sítio CBLT com 2255 sacos, depois 1970 sacos para o sítio Bagara, 1675 sacos para o sítio Lada Koulou e finalmente 780 sacos para o sítio Tourban guida. Com a crise, a produção acumulada nos locais de estudo desceu para 994 sacas (uma quebra de 85,11%), com um local, Tourban Guida, a registar 0 sacas devido a uma interrupção da produção. Esta queda considerável da produção mostra claramente a influência do *Boko Haram* sobre esta atividade.

1.12 Impacto das inundações na produção de pimentos

As inundações tiveram um impacto severo na produção de culturas de regadio, particularmente de pimentos doces na Commune Urbaine de Diffa. Todos os 4 locais de estudo foram afectados pelas inundações, mas os locais mais afectados foram CBLT (71%) e Lada Koulou (14%).

Estas inundações provocaram vários tipos de danos na produção e nas terras aráveis. O quadro 8 apresenta os resultados das inundações na comuna urbana de Diffa em 2019, de acordo com a Direção Departamental da Agricultura de Diffa. As inundações provocaram danos materiais significativos, a perda de vida de 02 pessoas e o engolimento de 580,21 hectares de culturas de arroz e pimento.

Mesa 8 Danos causados pelas inundações na comuna urbana de Diffa em 2019

Balanço CUD	Agregados familiares afectados	Pessoas afectadas	Pessoas **Falecido**	Casas desmoronadas	Culturas de hortas destruídas (ha)	Destruição de culturas de arroz e pimento (ha)	Poços danificados (número
	1 075	**18 690**	**2**	**2877**	**170,72**	**580,21**	**2**

Fonte: Direção Departamental da Agricultura de Diffa 2019

1.12.1 Causas naturais

Trata-se, nomeadamente, de fenómenos meteorológicos e climáticos, tais como chuvas excepcionais e inundações no Komadougou Yobé.

1.12.2 Precipitação

A pluviosidade é uma das principais causas naturais das inundações na Comuna Urbana de Diffa. A comuna situa-se na zona saheliana, que se caracteriza por uma longa estação seca e uma curta estação chuvosa, esta última de julho a setembro, com uma precipitação média de 200 a 300 mm por ano.

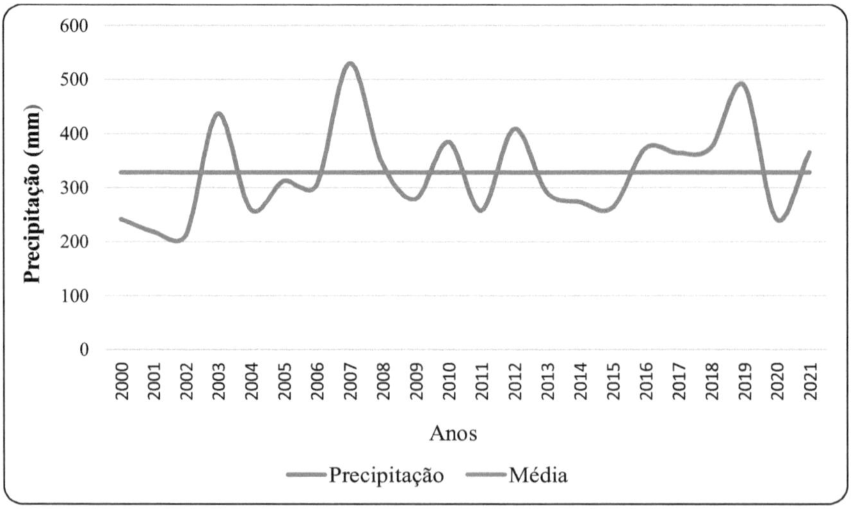

Figura **14** Precipitação anual acumulada nos últimos 22 anos

Fonte: DRM/D 2022

A figura 14 mostra a precipitação acumulada de 2000 a 2021. A precipitação média nos últimos 22 anos é de 328,18 mm. Estes anos caracterizam-se por uma precipitação abundante, provocando frequentemente inundações. De facto, 2016, 2017, 2018, 2019 e 2021 são os anos com maior precipitação. A precipitação registada foi de 372,3, 364,1, 373,7, 489,3 e 365,3 mm, respetivamente. Este valor é superior à média de 328,18 mm. Este facto levou a inundações recorrentes da produção de pimentos.

1.12.3 Inundação do rio Komadougou Yobé

Todos os locais de estudo estão localizados ao longo do rio Komadougou Yobé, que é a principal fonte de água de superfície. Os níveis excecionalmente elevados de água neste rio provocam inundações ao longo do seu curso. De acordo com a Direção Regional de Hidráulica, os dados recolhidos nas últimas três décadas mostram um aumento contínuo do volume de água no rio Komadougou. Este facto provoca inundações recorrentes na comuna. Estes dados mostram que as zonas situadas no vale do Komadougou e na comuna de Diffa estão constantemente em estado de alerta, com níveis de água superiores a 4,49 m, o nível de alerta. Este facto coloca a zona em risco constante de inundação.

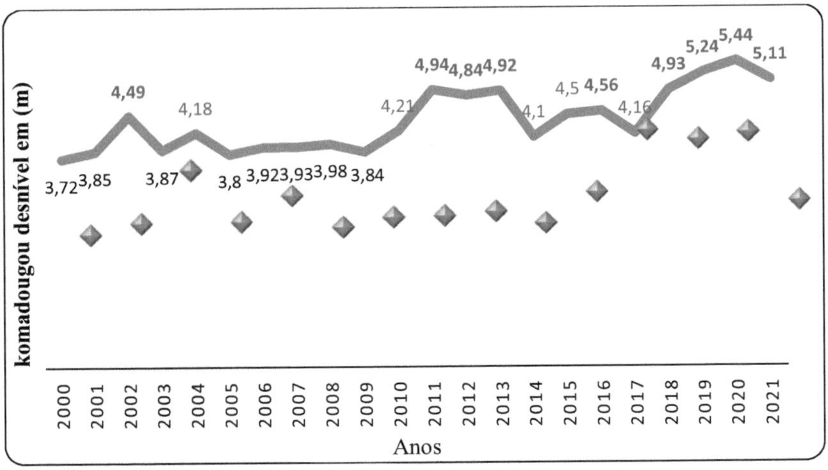

Figura 15 Altura atingida em m pelo Komadougou na estação de Bagara (2000-2021)

Fonte: HRD 2022

A análise da Figura 15 mostra a variação do nível atingido pelo rio Komadougou em m na estação de Bagara de 2000 a 2021. O nível médio atingido pelo Komadougou nos últimos 22 anos é de 4,38m, com um máximo de 5,44m em 2020 e um mínimo de 3,8m em 2005. De facto,

2011, 2012, 2013, 2016, 2018, 2019, 2020 e 2021 são os anos de cheia. Estes anos ultrapassaram sucessivamente o nível médio. Esta última é uma das causas das inundações recorrentes, com consequências nefastas para a produção de pimento.

1.12.4 Assoreamento de cursos de água

Atualmente, o assoreamento desempenha um papel fundamental no mecanismo de inundação. O assoreamento do rio Komadougou ocorre durante o período de águas baixas, que coincide com a retirada do rio. O vento harmattan, que sopra de norte a sul, introduz uma grande quantidade de areia no rio. Este facto reduz a profundidade do leito do rio e provoca o seu transbordamento, dando origem a inundações. A adição de areia em anos de cheias anteriores para represar a água também contribui para o assoreamento do rio.

1.12.5 Causas antropogénicas

As inundações são uma catástrofe natural, mas as actividades humanas podem exacerbar a sua intensidade e frequência.

1.12.6 Ocupação de zonas sujeitas a inundações por agricultores

Na Commune Urbaine de Diffa, a zona ao longo do rio Komadougou Yobé é cultivada desde 1960. Os campos de cultivo proliferaram em detrimento das florestas abertas ao longo do rio Komadougou, reduzindo a sua superfície original em 80%. Este facto provocou uma erosão lateral no leito do Komadougou Yobé. O desmoronamento das margens do rio contribuiu para o enchimento do seu leito e para o alastramento das águas, provocando o aumento das zonas sujeitas a inundações. Entre 1957 e 2007, a área sujeita a inundações aumentou quase 70%. No mesmo período, a superfície das lagoas aumentou em 50% (MOUSSA I, 2014). Dos 4 sítios da amostra, o CBLT é mais afetado pelas inundações porque é circundado pelo rio e, portanto, está localizado numa zona de alto risco. Esta ocupação espacial é uma das causas que agravam as inundações na Comuna Urbana de Diffa.

1.12.7 Impacto das inundações nas terras agrícolas

A análise dos dados mostra que as inundações contribuíram para uma redução da área cultivada com pimenta. Desde 2019, as inundações no Komadougou ocorrem quase todos os anos. Além disso, os danos causados por cada uma destas inundações são frequentemente extensos, obrigando muitos produtores a não cultivar as suas áreas.

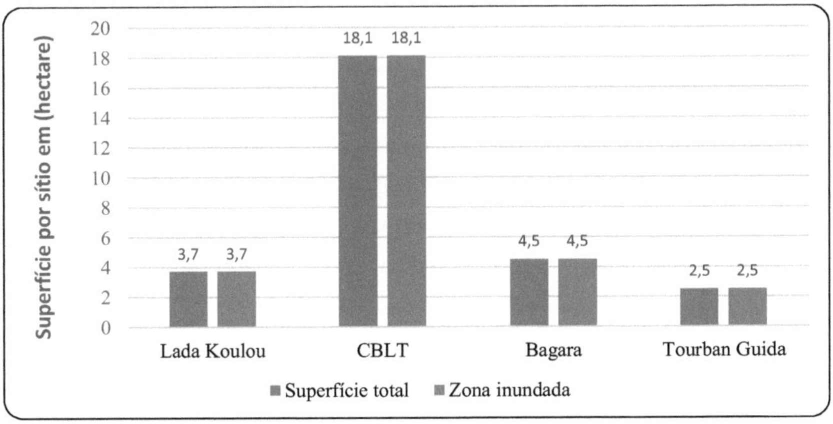

Figura 16 Área afetada por inundações

Fonte: dados de campo, 2022

A Figura 16 mostra uma proporção significativa da área afetada por inundações recorrentes. Assim, 28,8 hectares, ou 26,88% da área total da amostra, foram abandonados pelos produtores devido às inundações recorrentes.

1.12.8 Impacto das inundações na produção

O impacto das inundações na produção de pimento é muito significativo na área de estudo. Os dados do inquérito permitiram avaliar a produção antes das inundações recorrentes, o que deu uma ideia do impacto das inundações na produção de pimento.

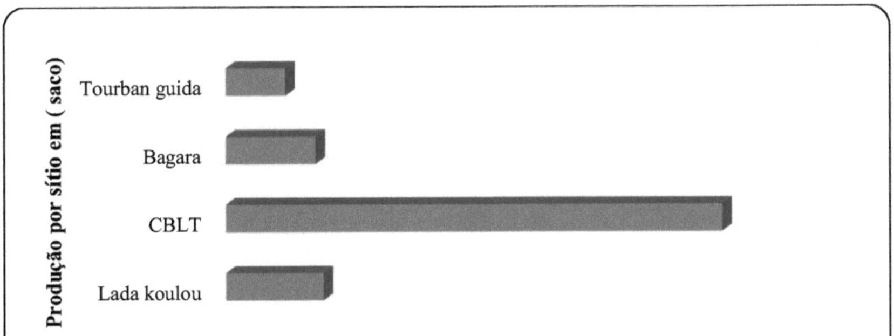

	Lada koulou	CBLT	Bagara	Tourban guida
Antes do dilúvio	325	1640	300	200
Durante a inundação	0	0	0	0

Figura 17 Produção antes e durante as cheias do saco

Fonte: dados de campo, 2022

A Figura 17 mostra que os 32% dos inquiridos afectados pelas cheias produziram 2.465 sacos de pimento antes das cheias recorrentes. A produção acumulada em todos os locais durante as inundações recorrentes foi de 0 sacos. Os resultados mostram que estas inundações causam perdas de culturas que podem mesmo levar a uma quebra completa da produção.

1.13 Impacto das medidas restritivas na produção de pimento

O objetivo é contar a história da transição de um castigo para outro para os produtores de pimenta, de um conflito armado para um estado de emergência. No início de fevereiro de 2015, os insurgentes *Boko-Haram* lançaram ataques contra a aldeia de Bosso e a cidade de Diffa. Em resposta a estes ataques, o governo nigeriano decidiu, a 10 de fevereiro de 2015, declarar o estado de emergência em toda a região de Diffa, a fim de combater o grupo *Boko-Haram*. E 15 dias mais tarde, a favor da prorrogação do estado de emergência por um período de três meses a partir de 24 de fevereiro de 2015.

No âmbito do estado de emergência relativo à produção de pimentos, foram adoptadas três medidas. Estas incluem: uma proibição formal da exportação de pimentos para os mercados nigerianos, o racionamento ou proibição da venda de hidrocarbonetos em latas e outros contentores e o racionamento da venda de fertilizantes agrícolas. Por conseguinte, a análise diz respeito apenas a 23% da amostra inquirida, que continuou a desenvolver as suas explorações apesar da insegurança e das inundações. De um total de 107,15 hectares repartidos pelos 4 locais de inquérito, apenas 28,75 hectares são cultivados apesar da crise de segurança e das inundações. As medidas restritivas impostas pelo estado de emergência tiveram um impacto no acesso às zonas de produção, na quantidade de terra disponível para cultivo, no fornecimento de combustível e fertilizantes e nas exportações de pimenta para a Nigéria.

1.13.1 Acesso difícil às zonas de produção

Os agricultores só têm acesso a 28,75 hectares, ou seja, 26,83% dos 107,15 hectares que constituíam a superfície total cultivada antes da crise. Para poderem prosseguir as suas actividades, os agricultores têm de trabalhar em zonas altamente militarizadas devido às restrições impostas pelo estado de emergência. Os agricultores entrevistados sublinham que o dispositivo de segurança constitui um obstáculo ao acesso às terras agrícolas. Para chegarem às suas explorações, são sujeitos a controlos militares, nomeadamente nos sítios de Lada Koulou e CBLT.

Os agricultores têm acesso às suas terras, mas é-lhes difícil desenvolver toda a sua superfície devido à falta de fertilizantes e de combustível para alimentar as suas motobombas. As medidas de estado de emergência impuseram restrições à venda de hidrocarbonetos e de fertilizantes.

Esta medida é a mais deplorada pelos produtores de pimento, que se debatem com dificuldades reais para obter combustível para a irrigação.

1.13.2 Dificuldade de abastecimento de fertilizantes

As medidas adoptadas no âmbito do estado de emergência limitaram a capacidade dos produtores de se abastecerem de fertilizantes, que são utilizados pelos terroristas para fabricar engenhos explosivos.

Embora se trate de um fator de produção importante na produção de pimentos, a venda de fertilizantes é atualmente objeto de um controlo muito rigoroso. Consequentemente, alguns produtores estão a ter de reduzir a dimensão das suas explorações.

1.13.3 Dificuldade em exportar para a Nigéria

As receitas provenientes da venda de pimentos e de peixe são consideradas uma fonte de financiamento dos terroristas. Este facto justifica a proibição das exportações para a Nigéria. Esta situação levou a uma fraca venda de pimentos, o que resultou numa perda significativa de rendimentos para os produtores. A Nigéria representa mais de 80% do mercado de pimentos doces produzidos na região de Diffa.

1.13.4 Estado de emergência para os produtores de pimentos

É evidente que a maior parte das medidas tomadas no âmbito do estado de emergência são susceptíveis de afetar as actividades dos produtores. A quase totalidade dos produtores inquiridos afirma nunca ter sido envolvida ou consultada, mesmo quando se trata de tomar medidas que afectam diretamente a sua atividade (figura 18). Os produtores inquiridos não escondem a sua consternação perante as medidas restritivas impostas no âmbito do estado de emergência. Estas medidas impedem os agricultores de exercerem as suas actividades normais.

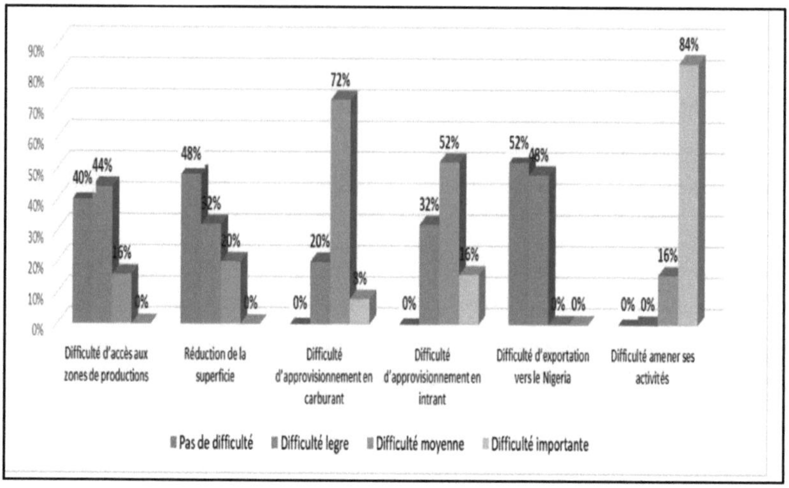

Figura 18I mpacto das medidas restritivas

Fonte: dados de campo, 2022

A figura 18 mostra que estas medidas tiveram um impacto significativo na produção de pimento. Assim, 44% dos produtores têm uma ligeira dificuldade de acesso aos seus campos, enquanto 40% não têm qualquer dificuldade de acesso aos seus campos e 16% têm uma dificuldade moderada de acesso aos seus campos.

No que diz respeito à proibição de venda de hidrocarbonetos em latas, 72% têm dificuldades médias, 20% dos produtores têm ligeiras dificuldades em abastecer-se de combustível e 8% têm grandes dificuldades em abastecer-se de combustível para irrigação.

No que respeita à venda de adubos, que é muito controlada devido à insegurança, 52% dos produtores têm dificuldades moderadas para se abastecerem de adubos, 32% dos produtores têm dificuldades ligeiras para se abastecerem de adubos e 16% têm grandes dificuldades para se abastecerem de adubos para a produção.

Estas duas últimas medidas conduziram a uma redução da superfície das suas explorações, levando 20% dos produtores a reduzir em média a superfície das suas explorações e 32% a reduzir ligeiramente a superfície dos seus campos, enquanto 48% não reduziram a sua superfície.

Na sequência da proibição das exportações de pimenta para a Nigéria, 48% dos produtores estão a ter ligeiras dificuldades em vender os seus produtos, enquanto 52% dos produtores não têm qualquer dificuldade em vender os seus produtos. Estas análises mostram que o estado de emergência tem um impacto negativo no sector da pimenta na comuna urbana de Diffa. Com efeito, 84% dos produtores têm grandes dificuldades, enquanto 16% têm dificuldades moderadas no exercício das suas actividades durante a crise, devido à aplicação das restrições do estado de emergência.

1.14 Estratégias locais para lidar com a crise de segurança *do Boko Haram* e as inundações

A insegurança que acompanhou as incursões *do Boko Haram* e a escalada de violência que se seguiu à contraofensiva do exército nigerino, bem como uma sucessão de catástrofes naturais, nomeadamente inundações, perturbaram inevitavelmente a economia da região de Diffa. Devido aos problemas associados à crise de segurança e às inundações, alguns produtores de pimenta adoptaram novas estratégias: redução do horário de trabalho, alteração do calendário de cultivo, redução da área cultivada e mobilização de uma grande força de trabalho.

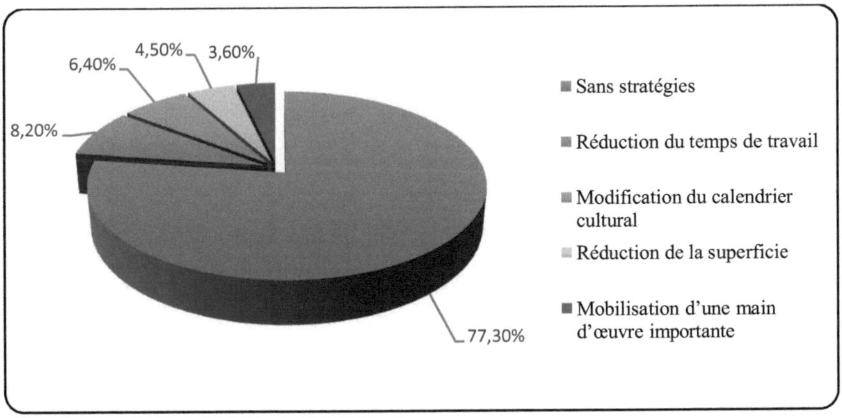

Figura 19 Diferentes estratégias de adaptação utilizadas pelos produtores

Fonte: dados de campo, 2022

A análise da Figura 19 mostra que 77,30% dos produtores não têm qualquer estratégia, enquanto 8,20% dos produtores têm uma estratégia para reduzir o tempo de trabalho, 6,4% tiveram de alterar o seu calendário de culturas, 4,50% reduziram a dimensão da sua exploração e 3,60% recorreram a uma mão de obra numerosa.

1.14.1 Nenhuma estratégia

A ameaça do Boko Haram enfrentada pela maioria dos inquiridos (77,30%) complica a implementação de estratégias para lidar com esta crise de segurança. Este facto é explicado pela posição geográfica das suas zonas de produção. Estas zonas situam-se na fronteira entre o Níger e a Nigéria. Esta zona é palco de confrontos intensos entre as forças de defesa e os terroristas. Por conseguinte, os produtores não podem pôr em prática estratégias para visitar as suas explorações e tiveram de abandonar completamente a cultura do pimento.

1.14.2 Alterações ao calendário de cultivo

Esta estratégia diz respeito a 6,40% dos agricultores das zonas diretamente afectadas pela crise de segurança, mas que ainda são acessíveis. Os agricultores alteraram completamente o seu calendário de cultivo. Antes da crise de segurança, a preparação da terra tinha lugar em julho e agosto e a colheita começava em dezembro. Durante a crise de segurança, a preparação e a sementeira tiveram lugar em maio e junho, com a colheita em outubro. Este novo calendário de cultivo baseia-se na disponibilidade do rio Komadougou, que não permite a passagem de terroristas.

1.14.3 Reduzir o tempo de trabalho no terreno

De acordo com os dados recolhidos, 8,20% dos inquiridos reduzem o seu horário de trabalho no campo. Algumas zonas de cultivo de pimenta estão sob controlo do exército, nomeadamente as zonas de CBLT, Lada Koulou e Bagara. Consequentemente, o acesso às zonas de produção é limitado a um horário fixo, das 9 às 16 horas. Esta situação está a perturbar o trabalho agrícola e a obrigar os agricultores a reduzir o seu horário de trabalho. As medidas adoptadas pelo governo no âmbito do estado de emergência contribuíram para a redução do horário de trabalho. Antes da crise de segurança *do Boko Haram*, alguns agricultores trabalhavam das 5 da manhã às 10 da noite.

1.14.4 Recrutamento de uma grande força de trabalho

De acordo com 3,6% dos inquiridos, a utilização de trabalhadores agrícolas é uma estratégia que permite ganhar tempo para que o trabalho nos campos possa ser concluído o mais rapidamente possível, uma vez que os ataques terroristas *do Boko Haram* podem ocorrer a qualquer momento. É por isso que alguns agricultores contratam uma grande força de trabalho para tarefas como a preparação das parcelas e a transplantação de pimentos. No entanto, esta estratégia não é muito adoptada, devido à falta de recursos financeiros dos agricultores e à escassez de mão de obra em consequência da crise de segurança.

1.14.5 Redução da área de superfície

No âmbito desta estratégia de adaptação, 4,50% dos produtores estão a reduzir a sua área de produção. As medidas tomadas pelo governo no âmbito do estado de emergência, com o racionamento, ou mesmo a proibição, da venda de hidrocarbonetos em lata, o racionamento da venda de fertilizantes agrícolas e também as dificuldades de acesso às zonas de produção, levaram alguns produtores a reduzir a dimensão das suas explorações. Todos estes factores contribuíram para a adoção desta estratégia. Atualmente, os agricultores cultivam apenas pequenas parcelas de terra perto das aldeias.

1.15 Estratégias de sobrevivência dos agricultores após as inundações

Na última década, a comuna urbana de Diffa tem sofrido inundações recorrentes, com graves consequências negativas para a população e os seus meios de subsistência, as infra-estruturas e o ambiente. Perante os diferentes riscos associados à variabilidade climática - secas, inundações, etc. - que resultam numa redução da produção agrícola, os agricultores estão a desenvolver uma série de estratégias de sobrevivência. Estas incluem o aterro, a colocação de diques, a deslocação das zonas de produção e a alteração do calendário de cultivo.

1.15.1 Enchimento

Com base nos resultados obtidos, o enchimento com areia é a técnica mais utilizada por 90% dos produtores. A drenagem de água foi a segunda opção mais popular (10%).

1.15.2 Dique submersível

A técnica consistia em fazer barricadas com sacos de areia de um determinado tamanho para delimitar as culturas. No entanto, de acordo com as pessoas entrevistadas, quase todos estes diques cederam perante o perigo.

1.15.3 Deslocalização das zonas de produção

Quando se trata de limitar as apostas agrícolas, os agricultores têm tendência a deixar as terras baixas para as terras altas, apesar do custo considerável da irrigação, uma vez que a zona requer mini-buracos ou a retransmissão de motobombas.

1.15.4 Alteração do calendário das culturas

Outros estão a recorrer a novas estratégias, como a alteração do calendário de cultivo, dos tipos de culturas e/ou a utilização de sementes adaptadas. A cultura do trigo, da cevada e do tomate está atualmente em plena expansão, em detrimento de certas culturas como a cebola e o quiabo.

Conclusão parcial

A crise de segurança *do Boko Haram* teve graves repercussões na economia da Commune Urbaine de Diffa. Estas repercussões são muito mais acentuadas no que respeita à produção de pimenta. Estas repercussões reflectem-se em rendimentos mais baixos. Os agricultores tornaram-se assim muito vulneráveis neste contexto de insegurança. Mas, face a esta situação, foram desenvolvidas estratégias de sobrevivência para continuar a desenvolver as suas parcelas.

DISCUSSÃO DOS RESULTADOS

Este estudo mostra que a crise de segurança *do Boko Haram* teve um impacto na produção de pimento na comuna urbana de Diffa. A análise dos resultados do inquérito mostra que 45% dos produtores inquiridos deixaram de cultivar pimentos devido à crise de segurança *do Boko Haram*. Os dados deste estudo indicam que 49,6 hectares, ou seja, 46,29% da área total, foram abandonados pelos seus proprietários e que a produção diminuiu de 6 680 para 994 sacos de pimento seco, o que representa uma quebra de 85,11%. Estes resultados são semelhantes aos do CRA, (2020); FEWS NET, (2018) que mostram que a crise de segurança teve um impacto na produção e também na situação dos produtores. O número de produtores e a superfície semeada continuam a ser 3 a 4 vezes inferiores aos registados antes da crise de segurança. De acordo com as estimativas dos serviços responsáveis pelo controlo da produção de pimento, dos 8.000 ha de terras reservadas para a produção de pimento, apenas 2.000 a 2.500 ha estão a ser desenvolvidos, com uma produção esperada de 2.000 a 2.500 t, em comparação com uma média de 8.000 a 10.000 t. Estes três estudos também confirmam as nossas conclusões Oxfam, (2016); PAM, (2016) e OCHA (2020), os resultados sublinham que cerca de 80% da população ganha o seu sustento, há alguns anos também tem sido afetada pela insegurança nas zonas fronteiriças com o Mali, Burkina Faso e Nigéria. As acções dos grupos armados não estatais continuarão a reduzir consideravelmente o acesso dos agricultores aos seus campos, bem como o acesso dos pastores às zonas de pastagem.

Todos os produtores entrevistados referiram este facto como um dos maiores problemas causados pela crise de segurança *do Boko Haram*. O estado de emergência resultou num aumento da militarização em toda a região de Diffa, incluindo as zonas de cultivo de pimenta. De facto, o estado de emergência resultou em restrições de acesso em toda a zona de produção, com 45% dos inquiridos a sublinharem que a falta de acesso às suas terras de produção é um problema importante nesta crise de segurança. Estes resultados corroboram os de GERAUD M e CHRISTINE R, (2018); ONU, (2018); OCHA, (2018) e MARC-ANTOINE P, (2017) que chegam às mesmas conclusões de que o estado de emergência nos estados nigerianos de BYA Borno, Yobe e Adamawa em maio de 2013, depois nas regiões de Diffa no Níger em fevereiro de 2015, no Norte dos Camarões em julho de 2015 e na parte chadiana do Lago Chade em novembro de 2015 marcou uma rutura. Ao longo das fronteiras dos Camarões, do Chade e do

Níger com a Nigéria, por exemplo, os controlos de identidade foram reforçados, a venda de gasolina foi restringida e a circulação de motociclos foi proibida durante a noite, e mesmo durante o dia em alguns locais; em Diffa, o acesso a fertilizantes foi racionado porque o amoníaco contido na ureia poderia ser utilizado para fabricar bombas. Em Diffa, o acesso aos fertilizantes foi racionado porque o amoníaco contido na ureia podia ser utilizado para fabricar bombas. Consequentemente, os agricultores da região deixaram de ter combustível para as bombas das suas motas e tiveram de deixar de cultivar os seus campos, para já não exportarem os seus produtos para a Nigéria, o seu principal mercado.

No que diz respeito às consequências das inundações, os inquéritos mostram que 32% dos inquiridos abandonaram as suas terras de produção desde 2019 devido às inundações recorrentes que têm ocorrido todos os anos desde então, causando danos consideráveis. A análise dos resultados do inquérito mostra que 28,8 hectares, ou seja, 26,88% da área total da amostra, foram abandonados pelos produtores devido às inundações recorrentes. Além disso, os danos causados por cada uma destas inundações são muitas vezes consideráveis, obrigando muitos produtores a não desenvolver as suas terras. De acordo com os trabalhos da DDA/D, (2019) e da ARI M, (2020), as inundações causaram danos significativos às culturas, que são a primeira e mais afetada atividade nas margens do rio, fazendo parte da principal fonte de alimentação das famílias ribeirinhas. A inundação local do Komadougou Yobé em outubro de 2019 invadiu e destruiu quase todas as áreas irrigadas e não irrigadas da zona. Vários campos de arroz, pimento e cebola foram inundados. Estes campos estavam em fase de colheita aquando da inundação do ano passado. Todos os produtos que não foram colhidos até outubro foram inundados e destruídos pelas águas. E há ainda as hortas submersas.

De acordo com o trabalho da DDA/D, (2019), com um elevado número de perdas de vidas humanas registadas, 358 agregados familiares afectados, 1.075 pessoas afectadas, 2.877 casas desmoronadas, 8 caixas desmoronadas, 170,72 ha de culturas de hortas destruídas, 580,21 ha de culturas de arroz e pimenta destruídas, 3 hortas enterradas, 2 poços danificados, 7 lojas desmoronadas. A perda de cereais é estimada em 300 kg. Para além da situação de segurança, que tem tido um impacto na produção desde há 5 anos, a inundação das parcelas de cultivo pelas águas do Komadougou e a pressão dos parasitas prejudicam o futuro desta cadeia de valor prioritária.

CONCLUSÃO GERAL

Este estudo permitiu descrever o sistema de produção de pimento e analisar o impacto da crise de segurança *do Boko Haram* e das inundações na produção de pimento, bem como evidenciar as diferentes estratégias de adaptação utilizadas pelos produtores para fazer face a estes condicionalismos na comuna urbana de Diffa.

O vale de Komadougou Yobé possui solos hidromórficos, ideais para a produção de pimento. A água é abundante na zona, com águas subterrâneas pouco profundas e águas superficiais do rio que duram mais de 7 meses por ano. Tudo isto demonstra que este vale é rico em recursos importantes para a produção de pimenta.

A grande maioria dos produtores na área de estudo utiliza as suas próprias sementes guardadas de épocas anteriores, pelo que as sementes não constituem um constrangimento para os produtores. De acordo com os dados do inquérito, 96,36% da amostra utiliza sementes locais guardadas pelos produtores. Apenas 3,64% dos produtores usam sementes compradas no mercado. Para efeitos do presente estudo, a dimensão das explorações foi utilizada como critério de classificação dos produtores. Os resultados dos inquéritos mostram que 44% dos agricultores são pequenos produtores, 47% são médios produtores e 9% são grandes produtores. Os médios e grandes produtores representam, portanto, mais de metade da amostra, o que significa que os rendimentos são elevados a este nível.

As duas variedades utilizadas pelos produtores da Commune Urbaine de Diffa, *Kangadi N'Glaro* (chifre de ovelha) e *Mouri Koro* (estrume de burro) parecem estar bem adaptadas à zona de produção.

A utilização de factores de produção e pesticidas é crucial para a produção de pimentos, pois determina o rendimento. Todos os inquiridos afirmaram utilizar pesticidas, e 68,18% da amostra utilizou fertilizantes químicos, enquanto 22,72% utilizou ambos, ou seja, fertilizantes químicos e orgânicos.

Os pimentos são fáceis de secar e de armazenar. Se forem corretamente secos, podem ser armazenados durante vários anos sem perdas significativas. Além disso, o armazenamento dos pimentos não levanta problemas. Quando secos, não estão sujeitos ao ataque de insectos. Estes resultados confirmam, portanto, a primeira hipótese do presente estudo, segundo a qual o sistema de cultivo do pimento permite normalmente uma boa produção.

No que respeita ao impacto da crise de segurança *do Boko Haram* e das inundações recorrentes. A crise de segurança *do Boko Haram* levou a uma redução da área de produção e a uma quebra na produção de pimenta. De um total de 107,15 hectares divididos entre os 110 produtores inquiridos, 49,6 hectares, ou 46,29% da área total, foram abandonados devido à crise de segurança. Por outro lado, 28,8 hectares (26,88%) foram abandonados pelos produtores devido às inundações recorrentes. Os 75 produtores afectados pela crise tinham 6680 sacos de pimentos secos antes da crise e 994 sacos de pimentos secos durante a crise de segurança (uma queda de 85,11%). Os produtores afectados pelas cheias produziram 2 465 sacos de pimento antes das cheias recorrentes. A produção durante as inundações recorrentes foi de 0 sacos. Assim, o conflito *do Boko Haram*, as medidas de segurança conexas e as inundações levaram a uma redução significativa da produção de pimento. Este facto confirma a segunda hipótese do estudo, ou seja, que a crise de segurança e as inundações conduziram a uma diminuição da produção de pimento.

Apesar da crise de segurança e das inundações recorrentes, os agricultores adoptaram várias medidas de adaptação para lidar com o conflito e as inundações recorrentes. Além disso, para lidar com as várias ameaças, os agricultores afirmam ter desenvolvido uma série de estratégias. Por exemplo, 8,20% dos agricultores reduziram o seu horário de trabalho, 6,4% tiveram de alterar o seu calendário de cultivo, 4,50% reduziram a dimensão da sua exploração e 3,60% mobilizaram uma grande força de trabalho. Isto confirma a terceira hipótese do estudo, segundo a qual os agricultores adoptaram estratégias para fazer face às restrições de segurança e às inundações.

Em termos de perspectivas para os estudos de doutoramento, a análise incidirá sobre o impacto da insegurança na posse da terra nas comunas rurais de Chétimari, Bosso e Gueskerou/Região de Diffa.

BIBLIOGRAFIA

1) **ABDOU A et *al*** (2005). *Etude sur l'approfondissement du diagnostic et l'analyse des systèmes de production agro-sylvo-pastoraux dans le cadre de la mise en œuvre de la stratégie de développement rural.* Região de Diffa, pp 51-59.

2) **ABDOULKADRI L.** (2014). *Contribution à l'étude de la dynamique de l'élevage pastoral au Niger : cas de la région de Diffa.* Tese de doutoramento, Universidade de Liège - Gembloux, 8p.

3) **ABDOURAHAMANI M.** (2011). *Sistemas de cultivo no pólder de Boultoungour e impactos na segurança alimentar da população (Lago Chade, Níger Oriental).* Dissertação de Mestrado em Estudos Avançados, UAM, 48p.

4) **ABHAS K, ROBIN B. e JESSICA L.** (2012). *Cidades e inundações: um guia para a gestão integrada dos riscos de inundação urbana para o século XXI*, 63 p.

5) **ADAMOU M.** (2019). *Insegurança transfronteiriça na África Ocidental: o caso da fronteira Níger-Nigéria.* Ciência Política, Université Côte d'Azur, pp 87-89.

6) **ALEXANDRE M, NEELAM V e STEPHEN M.** (2015). "*Enfrentar os desafios da estabilidade e da segurança na África Ocidental: Resumo executivo.*". Coleção Desenvolver África, 14p.

7) **ANTOINE K.** (2015). *Etude de la contamination du poivron (Capsicum L., 1753) par les produits phytosanitaires,* Mémoire pour l'obtention du Diplôme de Master, Chimie de l'Environnement UNA pp 2-16.

8) **ARI M.** (2020). *Impactos socioeconómicos e ambientais das inundações do Komadougou Yobé na Comuna Urbana de Diffa: caso da inundação local de 2019.* Tese de mestrado, Universidade de Dosso, 58p.

9) **BENOIT S,** e **ADAPTE S, AGRHYMET** (sem data). Le Sahel face aux changements climatiques enjeux pour un développement durable, pp 9-10.

10) **BELKHIRI A e SEFIH F.** (2016). *Estudo bioecológico do complexo parasitário de pulgões de pimenta de estufa na região de Mostaganém.* Dissertação de mestrado em agronomia, 2p.

11) **BIGA I.** (2008). *Etude de la biodiversité végétale des milieux de culture du poivron (Capsicum annuum L.) : cas des terroirs villageois de Gueskérou, Diffa et Tam (Région de Diffa, Niger).* Tese de mestrado, Universidade de Niamey, 16p.

12) **BOUDOUKHA A, BOUMESSNEGH A.** (2012). Les inondations en Algérie genèse et impacts (cas de la ville de Biskra) Sud Est Algérien, 442 p.

13) **CANDY J.** (2006). *Effet de la durée de compétition des mauvaises herbes sur la culture du poivron (Capsicum annuum), Mémoire du diplôme d'ingénieur Agronome, option : Production Agricole et Transformation des denrées.* Universidade Notre Dame do Haiti, 57p.

14) **CÂMARA REGIONAL DE AGRICULTURA DE DIFFA.** (2010). *Nota de informação / Filière pêche n°1*, 5p

15) **CÂMARA REGIONAL DE AGRICULTURA DE DIFFA**. (2016). *Le poivron rouge de Diffa éléments techniques et économiques pour la culture*, 1p.

16) **CÂMARA REGIONAL DA AGRICULTURA.** (2020). *Acompanhamento do mercado do pimento vermelho em Diffa: avaliação e perspectivas do ouro vermelho de Manga*, 7p

17) **CNEDD.** (2019). Mapeamento da vulnerabilidade das actividades agro-pastoris nas regiões do Níger no âmbito do Projeto PDIPC 70p.

18) **COMISSÃO DE DESENVOLVIMENTO RURAL.** (2006). *Contribuição para a revisão da estratégia de redução da pobreza*, 62p.

19) **COHAND J.** (2007). La petite irrigation privée dans le sud du Niger : potentiels et contraintes d'une dynamique locale le cas du sud du département de Gaya. Dissertação, Universidade de Lausanne, 7p.

20) **CRDEL**. (2010). *Inundações na Grande Cotonou: factores humanos, vulnerabilidade das populações e estratégias de controlo e gestão*, relatório final, 82p.

21) **DOSSOU J.** (2015). *Impactos das inundações na saúde das populações de Cotonou, Benim: Caso do 9º arrondissement de Cotonou*. Mémoire pour l'obtention de Licence professionnelle en GEn/EPAC/UAC, 37p.

22) **GABINETE EUROPEU DE APOIO EM MATÉRIA DE ASILO EASO.** (2018). *Relatório de informação sobre o país de origem Nigéria - indivíduos visados*, 23p.

23) **FAO**. (2016). *Uma avaliação realizada pela FAO em outubro de 2016 nos Estados de Borno, Yobe e Adamawa, Nigéria*, 13p.

24) **FAO**. (2017). *Mitigating the impact of the crisis and strengthening the resilience and food security of conflict-affected communities*, Roma, 6p.

25) **FEWS NET.** (2018). *Segurança alimentar situação de Stress (Fase 2 do IPC) na zona pastoril*, 7p

26) **GERAUD M E CHRISTINE R.** (2018). A região do Lago Chade face à crise do Boko Haram: interdependências e vulnerabilidades de uma dobradiça saheliana, 20p.

27) **GERAUD M e MARC-ANTOINE P.** (2018). A região do Lago Chade face ao Boko Haram, 13p.

28) **HADIZA K.** (2014). *Impactos das variações do nível do Lago Chade nas actividades socioeconómicas dos pescadores da parte do Níger.* Tese de doutoramento, Universidade Abdou Moumouni de Niamey, 55p.

29) **HADIZA K.** (2019). *Estudo sobre a pesca e o sector do peixe na região de Diffa.* Ministère de l'agriculture et de l'élevage, Programme de développement de l'agriculture familiale (ProDAF), Unité Régionale de Gestion du Programme (URGP) de Diffa, 123p.

30) **HAMADOU I e DOMINIQUE B.** (2013). *Les inondations à Niamey, enjeux autour d'un phénomène complexe,* p. 295-310. Disponível em linha em https://doi.org/10.4000/com.6900 (consultado em 05/03/2022).

31) **HAMANI O e ABDOURAHAMANE O**. (2017). La gestion humanitaire des inondations dans une commune de Niamey, Relatório 10 p

32) **Http://Www**.Wikipedia.com: variedades de pimentos doces da espécie Capsicum annuum com frutos muito grandes, consultado em 06/02/2021 às 20:42).

33) **INSTITUT NATIONAL DE LA STATISTIQUE INS.** (2016). *Anuário estatístico regional de Diffa. Período de: 2011 a 2015*, 24p.

34) **INSTITUT NATIONAL DE LA STATISTIQUE INS.** (2018). *Anuário estatístico 2013 - 2017*, 208p.

35) **GRUPO INTERNACIONAL DE CRISE**. (2017). *Boko Haram no Chade: para além da resposta de segurança Relatório de África n.º 246*, 23p.

36) **ISSA Y**. (2005). *Les transports terrestres dans le processus de désenclavement et d'intégration du Niger dans la sous-région ouest-africaine : L'exemple de la route nationale n°6,* Master's thesis, UAM 73p.

37) **LE COZ M.** (2010). *Modelação hidrogeológica de depósitos heterogéneos: o aluvião de Komadougou Yobé (bacia do Lago Chade, sudeste do Níger).* Tese de doutoramento, Université Montpellier II, 14p.

38) **Lucile W.** (2010). Inundações nas cidades da África Ocidental: diagnóstico e elementos para reforçar as capacidades de adaptação na Grande Cotonou, 90 p.

39) **MALIKI** et ***al*** (2006). Estudo de mercado dos produtos agro-pastoris na região de Diffa. Relatório final, 123p.

40) **MARC-ANTOINE P.** (2017). "Nigéria, Boko haram e a crise migratória". *Outre-Terre* (n.º 53), 180p.

41) **MARIAMA O.** (2013). *Plano nacional de contingência multi-riscos do Níger (PNC_MP).* Relatório de atividade, 17p.

42) **MINISTÉRIO DA AGRICULTURA E DA PECUÁRIA**. (Sem data). *Projet promotion des exportations agro-pastorales, étude sur la facilitation du commerce couvrant les filières agricoles*, ppeap, pp 35-38.

43) **MOUSSA I.** (2014). *Dynamiques érosives et des états de surfaces dans la partie nigérienne du bassin du lac Tchad.* Tese de doutoramento, Universidade Abdou Moumouni, Niamey, 16p.

44) **NAÇÕES UNIDAS.** (2018). *Relatório da Relatora Especial sobre os direitos humanos das pessoas deslocadas internamente na sua missão ao Níger*, pp 8-10.

45) **OCHA.** (2017). *Bacia do Lago Chade: Visão geral da crise*, 2p.

46) **OCHA.** (2020). *Panorama das necessidades humanitárias no Níger*, 11p.

47) **OUMAROU H.** (2005). *"Comportement du poivron sur sol salin aux bords de la Komadougou : Cas du site de Chétimari-Gréma-Artori"*. Mémoire ITA4, FA/UAM, 55p.

48) **OUSMAN Y.** (2013). *Etude économique de la culture du poivron dans les exploitations agricoles familiales de la région de Diffa, cas du village de Kayowa*. Mémoire de fin de cycle Agronomiques, Option Economie Rurale UAM, pp 18-21.

49) **OXFAM**, (2016): *Sistemas de mercado de rendimento para peixe fumado e pimenta vermelha seca Região de Diffa, Níger Oriental*, 8p.

50) **PDES.** (2012-2015). *Plano de Desenvolvimento Económico e Social,* 28p.

51) **PIERRE-FRANÇOIS P e SALIFOU K**. (2005). *"Etude de l'impact de la production et de la commercialisation du poivron dans la région de Diffa au Niger",* relatório final, 59p.

52) **REPÚBLICA DO NIGER.** (2003). Gabinete do Primeiro-Ministro, *estratégia de desenvolvimento rural,* pp 5-6.

53) **REPÚBLICA DO NIGER.** (2014). Departamento de diffa, *plano de desenvolvimento comunal (PDC),* pp 24-28.

54) **REPÚBLICA DO NIGER.** (2015*). Plano de desenvolvimento regional de diffa 2016-2020,* 24p.

55) **REPÚBLICA DO NIGER.** (2015). Ministério da Agricultura, *Estratégia da pequena irrigação no Níger (SPIN),* 24p.

56) **REPÚBLICA DO NIGER**. (2006). Ministério do Desenvolvimento Agrário, *Processo de elaboração e aplicação do Código Rural no Níger*, 5p.

57) **REPÚBLICA DO NIGER.** (2020). Ministère de l'équipement, *Etude d'Impact Environnemental et Social des travaux d'aménagement, de bitumage et de réhabilitation des voiries de la ville de Diffa dans le cadre du Programme Diffa N'Glaa d'environ 25 km* rapport définitif, 33p.

58) **REPÚBLICA DO NIGER.** (2018). Região de Diffa, *Comissão Regional de Gestão do Território,* CRAT pp 98-117.

59) **REPÚBLICA DO NIGER.** (2012). Région de Diffa, *Plan de développement économique et social, Bilan Diagnostic* PDES Diffa, 107p.

60) **REPÚBLICA DO NIGER**. (2000). *Plano Nacional do Ambiente para um Desenvolvimento Duradouro* (PNEDD), 10p.

61) **REPÚBLICA DO NÍGER** (2016). PAM, *avaliação da segurança alimentar em situações de emergência complexas na região de Diffa,* pp. 4-57.

62) **REPÚBLICA DO NIGER.** (2017). Ministério do Plano, *Estratégia de Desenvolvimento Duradouro e de Crescimento Inclusivo* 12p.

63) **RESEAU NATIONAL DES CHAMBRES D'AGRICULTURE DU NIGER**. (2010). *"Etude de l'impact de la production et de la commercialisation du poivron dans la région de Diffa au Niger",* 3p.

64) **SAGAGI M e THORBUM A.** (2019). *Documento de reflexão sobre o comércio transfronteiriço e a economia regional.* Deuxième réunion de Niamey, 16 au 18 juillet, 2p

65) **SIDDHARTH K al** (Sem data). The economic consequences of conflict, 25p.

66) **TRISTAN N.** (2004). *Contribuição para a estratégia de seleção de génotypes de pimentas (capsicum annum, L) adaptadas às condições tropicais húmidas e quentes.* Engenheiro agrónomo da Escola Nacional de Agricultura de Thiès, Senegal, 63p.

67) **TARCHIANI V, et *al*** (2021). Inundações no Níger 1998-2020. Relatório do Projeto ANADIA2, 15p.

68) **ACNUR**, (2017). Site de Boudouri, comuna de Chetimari, região de Diffa, Níger, relatório semanal, 2p

69) **VICTORIA O**. (2015). http://Www.Femininbio.com/alimentation/conseils-et-astuces/vertus-bienfaits-du pepper 54209, consultado a 4/02/2021 às 18h27.

70) **ZITOUNI D e DOUAR K**. (2017). *Estudo bioecológico da fauna auxiliar de pulgões do pimentão em estufa.* Dissertação de mestrado em agronomia, 2p.

Apêndice 1: Questionário individual enviado aos produtores

A-IDENTIFICAÇÃO

1. Nome próprio e apelido do inquirido :
2. Idade : sexo : Masculino Feminino
3. Local de nascimento :
4. Grupo étnico :
5. Data do inquérito: .... Dia...... me.......
6. Sítio Web do inquérito :
7. Nível de educação

Primário
Secundário
Superior
Alcorão
Não

8. Estado civil

Individual
Casado
Divorciado
Viúva

B - POSSE DA TERRA

9. Existe um gestor de terras no seu sítio?
   Em caso afirmativo, quem é ele? ....
   Se não, porquê? ....
10. Como são adquiridas as parcelas de terreno?

Património		Aluguer		
Comprar		Compromisso		
Não		Empréstimo		

11. Quem autoriza o cultivo de novas terras?
   -O chefe da terra
   -O chefe da aldeia
   -O diretor distrital
   -outros.
12. Existem associações, ONG ou projectos envolvidos na gestão das terras?
   Em caso afirmativo, quais...
   Se não, porquê...

C- A CRISE DE SEGURANÇA / INUNDAÇÕES E PRODUÇÃO DE PIMENTA

13. Foi pessoalmente afetado pela crise de segurança na Bósnia e Herzegovina ou pelas inundações? Sim Não
   Caso contrário, a manutenção é interrompida.
14. Que actividades são afectadas pela crise de segurança da BH/inundações...........?
15. A crise de segurança/inundações causou-lhe algum prejuízo? Em caso afirmativo, qual foi a natureza dos danos ....?
16. Considera que a crise de segurança do BK e as inundações são a principal causa destes danos? Em caso afirmativo, como?

   ....

17. Pode dar-nos uma estimativa do custo destes danos? Em caso afirmativo, por favor

Em Naire................................ Em FCFA..

18. Desde o início da crise de segurança da BH, a superfície total da sua exploração agrícola aumentou?

Aumentada

Diminuído

Estagnação

Porquê? ....

19. Abandonou o seu campo durante a insegurança/cheias?
Sim
Não
Em caso afirmativo, quanto tempo e porquê..................................
20. Teve acesso ao seu terreno durante a crise de segurança na BH? sim não
Se sim, como Se não, porquê ....
21. Que medidas propõe para minimizar a dimensão desta crise de segurança da BH?...

D-RETORNO

22. Quantos hectares cultiva por ano? N.º de hectares
23. Em média, quantos sacos de pimentos colhe por ano?
24. Quantos sacos de pimentos colheu antes da crise/inundação?
25. Quantos sacos de pimentos colhem durante a crise/inundações?
26. Avaliação do rendimento do pimento durante a crise/inundações
Aumentar
Constança
Diminuir

PIMENTOS ELECTRÓNICOS E MÉTODOS DE PRODUÇÃO

27. Em que tipo de solo se cultivam os pimentos e porquê...................?
28. Faz pousio? sim não
Em caso afirmativo, durante quanto tempo e qual a sua importância para as culturas........................
29. Em que altura do ano começa a cultivar as suas colheitas.................................
30. Em que altura do ano se começa a colher ....
31. Quais são os diferentes procedimentos para desenvolver terrenos para a produção de pimentos ....?
32. Fazem alterações?
Sim Não
Se sim, qual é que utiliza?
-fertilizante orgânico
-adubo químico
outros
Se não, porquê? ....
33. As sementes são locais?
Sim Não
Se não, de onde vêm ....?
34. Como é que se adquire sementes ....?
35. Utiliza factores de produção?

Sim
Não
Em caso afirmativo, quais e porquê ....
Se não, porquê...
36. Como e de quem obtém os seus factores de produção? ....
37. Como é que as vossas culturas são abastecidas de água?
-Chuva
irrigação
Rega
outros
38. Porque é que se cultivam pimentos?
- Consumo
Venda nacional
Internacional
39. Encontram alguma dificuldade durante a produção?
Sim Não
Se sim, quais e quando? E como é que os resolve ....

F-PIMENTOS E ARMAZENAMENTO

40. Fica com a pimenta?
Sim Não
Em caso afirmativo, que parte mantém e porquê? Que método utiliza? ....
Se não, porque não fica com ele? ....
41. Existem problemas de conservação?
Em caso afirmativo, quais
....
42. Que soluções foram encontradas...
43. Cultiva várias variedades?
Se sim, quais são?
44. Como distinguir estas variedades?
A forma
cor

Impacto das medidas restritivas na produção de pimento na CUD (medidas de emergência)		
Proibição de deslocação ao terreno (medidas de emergência)	Sem proibição Ligeira proibição Proibição média Proibição importante	
Perda de terras de produção de pimento (medidas de emergência)	Sem perdas Perda ligeira Perda média Perda importante Perda total	
Dificuldades de abastecimento de hidrocarbonetos em latas e outros recipientes para rega (estado de emergência)	Sem dificuldade Dificuldade ligeira Dificuldade média Grande dificuldade	

Dificuldades de abastecimento factores de produção agrícola (medidas de estado de emergência)	Nenhuma dificuldade Dificuldade ligeira Dificuldade média Grande dificuldade	
Proibição formal de exportação de pimentos para os mercados nigerianos (medidas de emergência)	Sem proibição Ligeira proibição Proibição média Proibição importante	
A proibição do tráfego de motociclos afecta os agricultores (uma vez que as motocicletas permitem que os agricultores cheguem facilmente aos campos)	Nenhuma dificuldade Dificuldade ligeira Dificuldade média Grande dificuldade	
Dificuldades na condução dos negócios durante a crise de segurança	Nenhuma dificuldade Dificuldade ligeira Dificuldade média Grande dificuldade	

ESTRATÉGIAS CONTRA A INSEGURANÇA E AS INUNDAÇÕES

45. Pode descrever as estratégias locais que adoptou para continuar a produzir apesar da insegurança? ....
46. Tendo em conta as várias estratégias que está atualmente a desenvolver para lidar com a insegurança, que estratégias planeia implementar no futuro? ....
47. Recebeu alguma estratégia das autoridades locais para minimizar a dimensão desta crise? Sim Não
    Em caso afirmativo, quais...
48. E como avalia a eficácia destas estratégias (o estado das medidas de emergência)?
    Muito suficiente
    Bastante suficiente
    Insuficiente
49. Pode dizer-nos quantas das suas superfícies foram afectadas?

Estratégias a curto prazo	Estratégias a longo prazo

Apêndice 2: **Guia de entrevista para serviços técnicos, autoridades consuetudinárias e outras instituições**

IDENTIFICAÇÃO

1. Nome próprio e apelido do inquirido: ....
2. Cargo de responsabilidade: ....
3. Data da entrevista: ....
4. Departamento em causa: ....
5. N.º do ficheiro: ....

POSSE DA TERRA PARA A CULTURA DO PIMENTO

6. Como são adquiridas as parcelas de terreno para a produção de pimento na UC de Diffa?

....

Todos podem aceder ao terreno? sim não

Se não, porquê esta distinção...

7. Quem concede os direitos de exploração?

Autarquias locais (presidente da câmara)	
Autoridades consuetudinárias (chefe de cantão ou de aldeia)	
Outros a especificar	

Quais são os conflitos fundiários mais recorrentes? ....

Quais são as fontes destes conflitos? ....

Quem resolve estes litígios?

....

BOKO HARAM INSEGURANÇA

8. Na sua opinião, o que está na origem da insegurança da BH na CUD?

....

9. O que pensa da falta de segurança na BH?

....

10. Quais são, na sua opinião, as vantagens e desvantagens desta crise de segurança? ....

11. Como avalia a eficácia das medidas adoptadas pelas autoridades para minimizar a dimensão desta crise?

-Muito suficiente

-Bastante suficiente

-Insuficiente

12. Que propostas tem para combater a insegurança da BH no seu CUD?.........

O IMPACTO DA CRISE NO SECTOR DAS PIMENTAS

13. Que impacto teve a crise de segurança na indústria da pimenta? ....

14. Como é que a produção de pimento evoluiu durante a crise de segurança?

Aumentar

Constança

Diminuir

15. Quais são os condicionalismos da produção de pimentos?

Condicionalismos de insegurança	Condicionalismos naturais (inundações)

ESTRATÉGIAS DE LUTA CONTRA A INSEGURANÇA E AS INUNDAÇÕES

16. Que estratégias adoptaram os agricultores para fazer face à insegurança?

....

17. Que estratégias adoptaram os agricultores para fazer face às inundações?

....

18. Como vê a produção de pimento nos próximos anos?
Como é que pode ser melhorado? Reforçar? ....

MIX
Papier aus verantwortungsvollen Quellen
Paper from responsible sources
FSC® C105338

Printed by Books on Demand GmbH, Norderstedt / Germany